国家自然科学基金（51778438）

研究导向型城市设计基础教学

贺　永　张迪新　著

U0196546

中国建筑工业出版社

图书在版编目（CIP）数据

研究导向型城市设计基础教学／贺永，张迪新著
．—北京：中国建筑工业出版社，2021.3
ISBN 978-7-112-27000-2

Ⅰ．① 研…　Ⅱ．① 贺…　② 张…　Ⅲ．① 城市规划—建
筑设计　Ⅳ．① TU984

中国版本图书馆 CIP 数据核字（2021）第 269940 号

　　本书是对建筑设计基础课程教学过程、作业成果和教学思考的完整记录。
通过回顾同济大学二年级建筑设计基础课程一个单元（城市公共空间调研与解
析，共 4 周）的教学过程，讨论将"研究导向型"教学融入设计基础教学的可
能性、可行性和必要性。

责任编辑：段　宁　滕云飞
责任校对：芦欣甜

研究导向型城市设计基础教学
贺　永　张迪新　著
*
中国建筑工业出版社出版、发行（北京海淀三里河路 9 号）
各地新华书店、建筑书店经销
北京建筑工业印刷厂制版
北京市密东印刷有限公司印刷
*
开本：787 毫米 ×1092 毫米　1/16　印张：8$\frac{1}{2}$　字数：186 千字
2022 年 10 月第一版　2022 年 10 月第一次印刷
定价：**98.00** 元
ISBN 978-7-112-27000-2
（38741）

前　言

在经历了世界上规模最大、速度最快的城市化进程之后，我国城市化步入提质发展的阶段，"做优存量"成为今后一个时期我国城市建设的重要命题。

伴随城市发展重心的转移，为城市建设培养专业人才的建筑教育正面临前所未有的挑战。进入建筑专业学习的人数不断减少，专业教育目标与市场需求之间的差距在不断拉大，脱离专业实践的人数在不断增加。如何应对充满不确定性的未来是高等教育需要面对的重要问题，也是建筑专业教育需要直面的重要问题。

培养学生自主学习的意识和能力，拓展学生的专业视野，让学生自主适应未来社会的变化和需求，一直是建筑教育的主要目标，也是建筑专业课程改革探索的重要方向。"研究导向型"教学，核心在于让学生建立问题意识和主动学习意识，是培养学生自主学习能力的重要手段。

现在的大学生多在中学就经历过类似的课程训练，"研究导向型"教学对他们而言并不陌生。高校专业教育所需的就是在专业课程中加以引导，让学生重新熟悉将问题意识贯穿到专业课程的学习中。通过指出问题研究的方向和专业文献获取的手段，有意识地组织课程内容，控制教学节奏，激发学生的学习兴趣、研究兴趣和专业兴趣。

2018年，在同济大学建筑与城市规划学院建筑设计基础课程的教学中，我们尝试将问题意识和研究方法引入整个教学过程，探索"研究导向型"教学在设计基础类课程中的组织方式和工作要点。在课程开始，我们就提出这一想法，并得到了同学们的主动响应。同学们在整个教学过程中主动投入，认真完成了指导教师布置的现场访谈、实地调研、文献阅读、成果汇报等工作。整个过程工作量饱满，最终成果在汇报时得到了评委老师们的一致肯定（具体教学过程见本书第1章）。

课程结束后我们将教学过程形成文字，2021年6月发表在《中国建筑教育》2020（总第24册）上。在文章发表的同时，这个教学过程得到了中国建筑工业出版社编辑的肯定和鼓励，建议我们将同学们的作业结集出版。于是，我们又将已经毕业的同学们召集起来，将当时的文字和图纸汇集整理，形成本书。

本书所记录的教学过程时间很短，是同济大学建筑与城市规划学院二年级设计基础课程的一个单元，任务是在4周内完成上海一处城市公共空间的调研与解析（教学任务书见附录2）。本书是对该单元教学过程、作业成果和教学思考的完整记录。通过回顾4周的教学过程，探索将研究意识融入建筑设计基础课程教学的方法，讨论在设计基础阶段，"研究导向型"理念融入教学的可能性、可行性和必要性。

本书的主体分为9个部分，第1部分是我们对教学过程的阐述和反思（已在《中国建筑教育》2020（总第24册）上发表，对部分文字进行修改后收在这里）。第2—第9部分是参加此次课程的8位同学的作业，每部分由两个板块组成：城市公共空间的调研报告和基于调研的分析图纸。出版时，我们在每个章节的最后增加了指导教师对每份报告和图纸的点评。

本书的特点在于客观地呈现了专业教学的真实状态，如实记录"研究导向型"教学融入设计基础课程的具体环节，包括授课教师的教学组织，学生的调研报告和图纸以及教学过程的所思所想。目前，这些同学或已步入工作岗位，或已出国深造，或继续在校学习。请他们对当时课程进行回顾，反馈这种教学方式对他们的影响，对于我们反思建筑基础教学具有重要的意义。本书只记录了基础教学中一个单元的教学过程，完整呈现学生们主动探索、自我学习的过程。内容的跨度不大，是对专业教学的局部思考，但尝试保证一定的深度，或可成为建筑教育研究的一份原始资料。

在即将成书时，我们邀请每位同学提供一张照片，写一段介绍自己的文字。有的同学在介绍自己的同时，还提到了这门课程对他们后来学习的影响。本书记录了他们的成长片段，留存了他们的成长记忆。让他们看到自己的成长，远比本书的内容更重要。

课程期间，我们专门给同学们讲述了报告写作的基本规范，并提供了报告写作的统一模板。但毕竟同学们都是第一次从事学术性文字的写作，课程报告的文字略显稚嫩、格式不尽规范、措辞不够学术，还请读者多多包涵。在本书出版时，我们尽量保持报告原来的模样，只对文字进行了简单的校核，修改了明显的错误和不通顺的地方，书中难免存在许多不足和错误之处，还请读者不吝批评指正。

目　　录

前言

1　设计基础的"研究导向型"教学 ⋯⋯⋯⋯⋯⋯⋯⋯⋯⋯⋯⋯⋯⋯⋯⋯⋯ 1

2　地理环境及区位影响 ⋯⋯⋯⋯⋯⋯⋯⋯⋯⋯⋯⋯⋯⋯⋯⋯⋯⋯⋯⋯⋯ 12

3　基于"步行链"的公共空间交通研究 ⋯⋯⋯⋯⋯⋯⋯⋯⋯⋯⋯⋯⋯⋯ 21

4　建筑及街区空间利用 ⋯⋯⋯⋯⋯⋯⋯⋯⋯⋯⋯⋯⋯⋯⋯⋯⋯⋯⋯⋯⋯ 30

5　创智天地广场的空间尺度 ⋯⋯⋯⋯⋯⋯⋯⋯⋯⋯⋯⋯⋯⋯⋯⋯⋯⋯⋯ 43

6　公共服务设施研究 ⋯⋯⋯⋯⋯⋯⋯⋯⋯⋯⋯⋯⋯⋯⋯⋯⋯⋯⋯⋯⋯⋯ 60

7　基于人群活动分布的广场设计量化研究 ⋯⋯⋯⋯⋯⋯⋯⋯⋯⋯⋯⋯ 77

8　建筑空间与人群活动关系探究 ⋯⋯⋯⋯⋯⋯⋯⋯⋯⋯⋯⋯⋯⋯⋯⋯ 89

9　步行活动与环境支持研究 ⋯⋯⋯⋯⋯⋯⋯⋯⋯⋯⋯⋯⋯⋯⋯⋯⋯⋯ 107

附件1：学生信息 ⋯⋯⋯⋯⋯⋯⋯⋯⋯⋯⋯⋯⋯⋯⋯⋯⋯⋯⋯⋯⋯⋯⋯ 122

附件2：教学任务书 ⋯⋯⋯⋯⋯⋯⋯⋯⋯⋯⋯⋯⋯⋯⋯⋯⋯⋯⋯⋯⋯⋯ 124

参考文献 ⋯⋯⋯⋯⋯⋯⋯⋯⋯⋯⋯⋯⋯⋯⋯⋯⋯⋯⋯⋯⋯⋯⋯⋯⋯⋯ 127

致谢 ⋯⋯⋯⋯⋯⋯⋯⋯⋯⋯⋯⋯⋯⋯⋯⋯⋯⋯⋯⋯⋯⋯⋯⋯⋯⋯⋯⋯⋯ 129

1 设计基础的"研究导向型"教学

——以"城市公共空间调研与解析"教学组织为例

贺 永 张迪新 张雪伟

【摘 要】"研究导向型"教学以学生为中心，以培养学生的自我学习和研究能力为目标，是高等教育研究关注的重要命题。论文以同济大学设计基础"城市公共空间调研与解析"环节为例，呈现指导教师将"研究导向"理念贯穿整个教学环节以培养学生"研究意识"的探索，并分别从教师和学生的视角讨论设计基础课程的"研究导向型"教学组织方式。

【关键词】"研究导向型"教学；自主学习；设计基础

Abstract："Research-led" teaching is student-centered, with the goal of cultivate students' self-learning and research ability, which is an important issue of higher education research. Taking the program "Urban Public Space Surveying and Analyzing" of the architectural fundamental in Tongji University as a case, the article presents the instructor's exploration embodied the "research-led" concept in the teaching process aiming to raise students' "research awareness", and discusses the way of organizing "research-led" teaching from the perspectives of teacher and students.

Keywords："Research-led" teaching and learning; Autonomous learning; Architectural fundamental

5G、人工智能、机器学习等技术的迭代，正全面地影响高等教育的目标和方法。[1]面对各种不确定性，"授之以鱼，不如授之以渔"，让学生面对新问题，知道如何分析、解决问题，学会终身学习（Life-long learning），以应对未来变化，是高等教育的重要议题。

"研究导向型"教学（"research-led" teaching and learning）以学生为中心，以启发性问题为驱动，引导学生进行探索式学习和团队合作学习，形成解决问题的方案或解释现象的报告，由教师对方案或报告进行评价，进而归纳相关的知识和理论[2]，是建立学生"终身学习""研究意识"的重要途径。

"研究导向型"教学注重对学生科学思维方式和批判思辨能力的培养，大量研究和探索已在高等教育领域展开，如"对研究型教学模式的哲学思考"（王海萍、王晓飞，2016）[3]、"基于 LanStar 的研究性教学模式分析"（赵春生、梁恩胜，2017）[4]、"《建筑结构》课程的研究性教学"（吴福飞、董双快，2017）[5]、"在《工程制图》课程中研究性教学法的探讨"（李凤莲，2018）[6]。

设计基础重在基础能力培养，课程占用课时多，学生与教师相处时间长，多以团队合作的方式组织教学，是学生"问题意识"、能力培养的重要平台。本书以同济大学设计基础课程"城市公共空间调研与解析"环节为例，客观呈现将培养学生的"研究意识"纳入教学过程的思考和设计基础"研究导向型"教学的组织和探索。

1.1 教学要求

"城市公共空间调研与解析"是城市规划专业（本科）二年级设计基础课程的重要环节①，由同济大学建筑与城市规划学院基础教学团队承担。该环节要求学生通过实地调研、团队合作、资料查询、汇报交流，从城市视角分析、研究建成环境。题目设定基本符合"研究导向型"教学组织的要求、条件和情景。本书主要介绍在该环节的教学过程中，教师如何将"研究导向"的理念引入教学组织，培养学生发现、分析、解决问题的"意识"，逐步提升学生研究能力的思考。

1.1.1 基本要求

"城市公共空间调研与解析"要求调研对象以城市公共空间为主，规模控制在 2-5 公顷。街道类的城市空间宜选有特色的文化街、商业街、步行街或传统老街；广场类的城市空间可以是用于室外活动的集会或休闲广场，也可以是商业、行政中心的广场。②

对城市公共空间（广场、街道）的调研、解读和分析，学生需总结被调研空间的设计要点，发现存在的问题并提出改进建议和设想，最终完成分析图纸和调研报告。调研报告需要对基地的区位、历史沿革、现状情况、适用情况、问题和改进的设想进行详细的描述与分析，做到数据翔实、图文并茂、字数不少于2000字。③在该环节的学习在于让学生掌握物质空间调研及社会调查方法，以及资料和数据整理分析方法。④

---

① 大学本科二年级下学期 16 个教学周，分为 4＋6＋6 三个板块。第 1-4 周，完成城市公共空间的调研；第 5-10 周，完成一个集合住宅的建筑设计；第 11-16 周，完成一个幼儿园的建筑设计。
② 王骏、陈晨，同济大学建筑与城市规划学院城市规划专业二（下）《城市公共空间调研解析及类型建筑设计》教学任务书，2018.03。
③ 同上。
④ 同上。

1.1.2　教学目的

学生要完成基地形成、相关事件及历史沿革的挖掘；基地与城市周边环境、公共设施、交通等外部要素关系的解析；基地功能构成、设施内容、交通组织、绿化景观、空间形态、服务人群、消防与安全等多要素的解析；基地内外空间组织、空间氛围营造与使用者的活动方式与特征的解析。[①] 该环节的根本目的在于让学生完成从建筑向城市、从物质形态向社会纬度、从二维空间向三维空间、从主观判断向理性分析的思维转变。

1.2　教学组织

同济大学建筑设计基础的教学一直鼓励任课教师个性化的教学组织。课程题目在设置、设计之初，只阐述基本的教学目标，规定基本的成果要求，而不对教学过程做过多规定，最终成果也可适当调整。这些都为分班任课教师留出了很大的空间，便于发挥教师的能动性。教师可根据班级的实际情况，进行具体的课程组织、设计和进度调整。[7]

在分析了教学要求的基础上，我们对任务书进行了细化和局部调整，将培养学生的"研究意识"作为该环节的重要教学目标（表1-1）。

该单元包括任务讲解、集中调研、补充调研、小组汇报、中间成果汇报、成果制作、最终成果汇报、交叉评图等环节。全部工作需在4周内完成，共安排8次课程。其中，大组讲课1次，调研2次，大组讲评1次，与小组指导教师交流4次。教师与学生实际见面交流的时间非常有限，这就需要指导教师提高每次指导的效率，在交流后为学生指出下一步工作的方向；同时，学生也需在课后花费较多时间自主学习，按照自己的想法推进调研工作。因此，指导教师需要在课程伊始，对教学过程的大致走向有相对清晰的预设，并根据教学过程中的实际情况不断调整和优化。

任务书细化

表 1-1

周次	日期	任务书要求	教学组织细化	成果形式	参加人员
第1周	3月5日	讲解本学期的教学安排、分组布置空间调研任务	1. 细化教学安排 2. 指定参考书目和学术文献 3. 阅读其他书籍和规范 4. 指定小组组长	教学要求和教学安排（PPT）	指导教师
	3月8日	实地调研、调研分析	1. 学生实地调研 2. 确定研究案例	1. 照片 2. 录音、录像	小组长 小组成员

① 王骏、陈晨，同济大学建筑与城市规划学院城市规划专业二（下）《城市公共空间调研解析及类型建筑设计》教学任务书，2018.03。

续表

周次	日期	任务书要求	教学组织细化	成果形式	参加人员
第2周	3月12日	资料收集、案例分析、图纸分析	1. 调研资料汇报 2. 文献阅读汇报 3. 指导教师指出调研存在的问题	1. 案例基本情况（PPT） 2. 相关文献清单	指导教师 小组成员
	3月15日	补充调研、调研分析	1. 补充调研 2. 明确分析问题和研究方向	1. 照片 2. 录音、录像 3. 问卷 4. 草图	小组长 小组成员
第3周	3月19日	资料分析与整理	1. 中期成果汇报 2. 讨论调研报告的组织架构 3. 下发调研报告模板	调研汇报（PPT）	指导教师 小组成员
	3月22日	图纸制作、调研报告	1. 明确调研报告的分工 2. 明确图纸要求	1. 分析图纸（草图） 2. 研究报告（Word文件）	指导教师 小组成员
第4周	3月26日	成果制作、调研报告	1. 调研报告撰写 2. 分析图纸制作 3. 调研报告制作	1. 分析图纸（3张A1，正草图） 2. 研究报告（草稿打印）	指导教师 小组成员
	3月29日	图纸表达及调研报告大组讲评	1. 年级交叉评图 2. 调研成果汇报 3. 指导教师课程总结 4. 提交最终成果	1. 分析图纸（3张A1，正图） 2. 研究报告（装订）	指导教师 （其他小组）、小组成员

1.2.1 任务布置、预调研（第1周）

第一周的第1次课是全年级大课，由年级组长（王骏老师）简单讲述课程的安排，教学要求和分组情况。课后各组回到班级教室，由小组指导教师安排具体的教学任务。

我们小组准备了单独的PPT，指定了需要阅读的参考书目和学术文献，介绍了两个备选案例（位于上海五角场附近的创智天地广场，以及靠近大连路和控江路路口的海上海生活广场）的基本情况，并给出相关文献和案例信息获取的途径。

1）指定《公共空间研究方法》[8]作为本单元的参考书，要求学生课后通读，了解城市公共空间研究的相关理论，熟悉主要的调研方法，并在实际调研过程中有意识地加以应用。

2）查阅《城市居住区规划设计规范》GB 50180—93（2002年版）①，熟悉该规范对公共服务设施配置的要求和配建标准。

3）指定了关于步行活动品质与建成环境关系、商业街空间与界面特征对步行者活动的影响、广场尺度与空间品质、城市开敞空间使用者活动行为、空间公共性评估模型的相关文献，每位同学认领一篇。要求在第一次调研结束前读完这些文献，并在下一次的小组讨论中集中汇报。

---

① 当时新版的《城市居住区规划设计标准》GB 50180—2018尚未颁布。

4）指定了一名同学担任小组长 ①，负责联络指导教师、组织现场调研、记录调研过程、留存调研资料。

5）课后小组的 8 名同学分成 3 个小组，分别负责文献的搜集整理、参考书目的阅读、案例基本信息的搜集和整理。

第 2 次课由组长组织同学们做现场预调研。同学们需对指导教师给出的两个案例进行预调研，了解案例的基本情况，在比较分析之后，确定小组最终的分析研究对象。

1.2.2 初步汇报、补充调研（第 2 周）

第二周的第 1 次课由组长汇报小组同学对两个案例预调研的成果。负责资料收集的小组汇报了针对两个案例的文献和资料的收集情况，负责文献收集的小组汇报了相关学术文献搜集整理的情况。在预调研基础上，评估所收集到的资料情况，小组同学选择位于上海五角场附近的创智天地广场，作为此次课程的调研分析对象。

针对汇报内容，指导教师提出接下来的正式调研需要关注的问题：

1）对案例有深度的分析，一定是基于基础资料的充分占有之上的。课后同学们需进一步阅读文献，并汇报文献阅读的体会和收获，总结并介绍自己的分析视角。

2）将调研任务细分，在确定自己的基本研究视角之后，带着问题去调研。组长在正式调研前汇总每位同学的研究问题。指导教师针对每位同学的研究问题给出针对性的意见，推荐相关阅读材料（这部分工作在小组微信群进行）。

3）带好相机、测距仪、计时器、计数器等测量工具。考虑调研对象尺度较大，建议对其分区，每两位同学一组同时观察。以小时为单位记录广场的空间状态、使用人群的行为，观察晚上广场使用人群的类型、活动方式和范围等。

4）开展问卷访谈，主要关注人群的年龄结构、活动范围，了解人群对广场的主观评价。

5）非工作日（周六或者周日）广场的空间状态、使用人群的状态调研。

第 2 次课程的补充调研实际是正式调研，同学们再一次对创智天地广场进行了深入的调研，共同完成老师要求的所有任务，每位同学需针对自己的研究视角和问题有侧重地进行调研。

1.2.3 中期成果、调研报告（第 3 周）

第三周的第 1 次课是调研成果汇报，要求每位同学用 PPT 的形式汇报调研内容，指导教师对调研成果逐一点评，并根据每位同学调研的主题和调研需要改进的地方给出具体建议。部分同学还需要在课后自行补充调研。第 2 次课以草图的形式呈现调研结果。除了研究对象基本情况的

---

① 小组共 8 位同学（纪少轩、姚智远、徐施鸣、成昶、管毅、罗寓峡、曾灿程、乔丹），乔丹同学担任小组长。

介绍，学生需要基于自己的研究视角，着重介绍各自问题研究的视角、内容和方法。指导教师还将研究报告的模板提供给同学，小组按照所给模板格式准备调研报告。

本周教学比较重要，学生完成了基本的调研工作，接下来进入全面的分析、整理和汇总。此阶段教师的引导作用非常关键，需要教师在整体上把握好方向，针对每位同学的特点，给出具体的分析、调整意见，帮助学生深化研究成果。

1.2.4 成果制作、汇报评图（第4周）

第四周的第1次课是小组汇报，每位同学汇报自己的工作进展，包括分析图纸和做研究报告。这次汇报要求每位同学上课前把各自的分析图纸和调研报告打印出来，分析图纸汇报时，轮流张贴、分别汇报。指导教师对调研报告提出修改意见，在课后进一步修改。第2次课是年级交叉评图，各班指导教师互换，点评其他班同学的调研成果。各班同学简单汇报所做的工作，由评委老师对小组同学的成果打分排序，作为指导教师最终打分的参考依据。①

我们小组同学除打印分析图纸外，还要求组长将调研报告统一装订打印，作为评委老师的参考。最终成果获得了评委老师的一致认可，并被多位老师留存，供其他班级同学参考学习。

1.3 最终成果

该环节的成果要求每位学生提交一份分析图纸（2-3张A1图纸）和一份调研报告。为了保证每个人的深度，图纸中集体共享的内容不超过1张，各自完成的分析性内容需要2张。研究报告是学生各自研究内容的文字呈现，要求形式统一，分工合作，共同完成案例的调研报告。

1.3.1 分析图纸

分析图纸需要包括调研案例基本情况的介绍，重点要表达自己所做的调研工作。分析以图示为主，文字为辅，版式不做要求。小组同学们用SketchUp建了创智天地广场的全模，每位同学可以根据自己的分析重点，采用不同的方式和不同的视角在该模型基础上呈现分析结果。

做广场空间尺度分析的（管毅）同学从宏观、中观、微观三个层面对创智天地广场的空间尺度进行分析。区位分析主要从周边环境、总体布局、建筑肌理、道路结构、地块分布等几个角度进行。宏观尺度主要分析广场的功能级别、形态规模；中观尺度主要分析广场的基面、广场的界面；微观尺度主要分析景观设施、硬质铺装和植物绿化等环境要素。该同学还提出了"亚空间"的概念，与城市广场的主要空间相对比。

---

① 规划专业二年级67名同学，分成8组，8位（1位教学组长＋7位指导教师）指导老师，每2组1个班。

6

根据使用人群的问卷调查和主观评价结论，针对广场存在的不足给出优化建议，通过自己的设计修改完善。最后还总结了不同类型的公共空间设计的合理尺度（图1-1）。

该同学图纸分析的特点在于利用三维模型直观形象的表达分析成果，采用大剖面的形式表达广场与周边城市空间要素的关系，成果表达清晰、有条理。

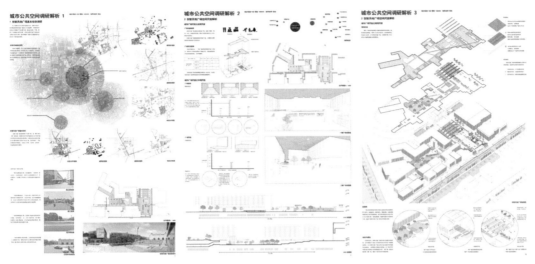

图1-1　分析图纸（作者：管毅）

1.3.2　调研报告

调研报告的模板参考学术论文的格式，主要包括题目、正文、结论和参考文献四个部分。题目要求包括标题、副标题（小组统一）、姓名、学号、摘要、关键词以及以上内容的英文。正文部分要求有引言、研究案例的基本信息、调研方法和方案、研究分析的主题问题。结论部分包括结论和结语，其中结论要求阐述调研分析的结果并给出相关改进措施和方案，结语是对该教学环节的所得所思。

根据小组学生人数，我们将研究对象分解为8个方面。每位同学从不同的视角开展研究，既有分工，又有合作，将各自的成果合并形成完整的调研报告。具体的研究内容包括：

1）地理环境及区位研究（纪少轩）

主要分析创智天地广场所在的区位，通过区位分析，让同学们建立从区域、城市的尺度和范围看待研究对象，建立全局的观念。

2）交通网络组织研究（成昶）

将研究范围扩展到五角场地区，研究地块周边区域交通，包括地铁、公交路线及公交站点，基地内部的静态交通和动态交通。该同学还自行查阅了大量相关文献，提出以"交通链"为核心，研究周边交通对到达广场人流的影响，解析公共空间的城市服务属性和辐射服务属性。

3）建筑及街区空间利用（姚智远）

主要研究广场物理空间的构成方式和类型，将广场周围的建筑划分为大尺度、中等尺度、小尺度三个层面。重点研究广场周边界面的透明度和开敞度对商业活动的影响。

4）空间尺度分析（管毅）

从宏观、中观、微观三个层面对创智天地广场空间尺度进行分析，并总结公共空间设计合理的尺度类型。

5）基础设施与公共服务设施研究（徐施鸣）

着重解读广场基础设施和公共服务设施的分布与使用情况，进行了定量与定性的分析比较，并就这两方面提出了改进意见。

6）基于街道家具的研究（罗寓峡）

量化广场设计与人类活动的关系成为研究的主要方向。回应了扬·盖尔调查的结论，并印证人性化设计在空间设计中的重要性。

7）人与建筑关系研究——功能种类（曾灿程）

将人的行为和建筑的特点提炼为几个要素，并对几个典型区域进行观察记录。通过对活动状况和各自要素的对比，总结出有利于提高公共空间活力和吸引力的设计策略。

8）环境对步行活动提供支持的研究（乔丹）

分析基地的交通可达性，研究使用人群的活动特征，并对比广场各区域对步行活动提供支持的不同之处，总结出空间连续性和设施多样性对步行活动的支持作用。

调研报告共分为8章，报告按照先总体，后分项的原则排序。小组成员完成各自的报告后，成果文件交由组长（乔丹）统一整理排版，制作封面，添加扉页和目录。形成《城市公共空间调研解析——创智天地广场研究报告》（图1-2）。

图1-2 调研报告封面和目录（乔丹整理）

1.4　教学思考

"研究导向型"教学对学生和教师都提出了较高的要求。在这一过程中，如何定位教师自身角色、如何调动学生的主观能动性、如何把控进度和成果深度都需要进行积极的思考和有益的探索。

1.4.1　教师

研究性教学是"以学生为中心、教师为辅助的模式下……用科学研究的视角来分析、解决问题，最终促使学生获得相关知识、提升自身水平"。[9] 因此，"研究导向型"教学要求教师首先转变认识和角色。课堂不再是教师单方面地传授知识，而是设法促使学生由课程的被动听众转变成课程的主动参与者。

在整个过程中，教师需要保持一种相对"克制"的状态，部分内容的讲解要"有所保留"，问题点到为止，留出更多的时间和空间让同学们自己查阅相关文献，自己收集相关资料，自己尝试研究方法。通过自己学习、自己发现，学生不仅能够很好地掌握相关课程的知识，而且能够提升获取知识的能力、合作沟通的能力和解决问题的能力，还能够锻炼批判性思维和创新性思维。学生也能在自我学习的过程中获得更多的成就感，促进学生不断打磨自我学习的能力。

当然，不能因为"研究导向型"教学强调以学生为中心，就减少与学生交流的时间。"研究性导向"教学过程中面对面的交流是非常重要的一种教学方式，而且，提高交流的效率、加强学习的深度是研究性教学得以实现的重要保证。

同时，"研究导向型"教学是一种动态变化的过程，指导教师需要根据实际教学情况不断调整教学组织方式和进度节奏。

1.4.2　学生

"研究导向型"教学旨在强调发挥、培养学生在教学活动中的主动性，而学生的这种主动性在教学实践中往往就体现为其参与、选择以及切实的行动。但个体差异导致学生在整个教学过程的表现也多种多样。有些同学表现出了很好的适应性和主动学习的意愿，开始就显露出极强的研究能力和研究兴趣，主动搜集学术文献，在大量文献阅读的基础上选择自己感兴趣的研究课题，初步掌握了研究学习的路径；有些同学始终保持着饱满的学习热情，发挥稳定，步步为营，调研过程扎实，分析方法可行，最终成果丰富，并且在学习过程中，积极尝试建立分析框架，初步形成了分析问题、解决问题的方法（图 1-3）。但也有些同学还不太适应这样的学习方式，过程中比较被动，表现差强人意。

因此，"研究导向型"教学非常重要的在于将每位同学"编织"在整体的研究网络中，发挥各自所长，与小组保持方向上、节奏上的一致。通过集体"网络"带动每一位同学共同完成学习任务。这需要指导教师整体把握教学目标和逻辑，在具体的教学细节上根据每位同学的情况，不断调整和完善。

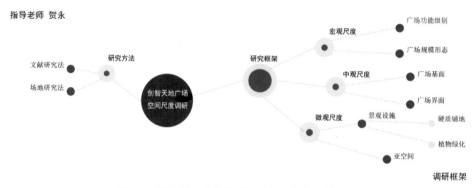

图 1-3　研究框架（分析图纸局部，作者：管毅）

此外，"研究导向型"教学需要学生投入大量的精力，在当前学生课业压力较重的情况下，其实对学生提出了更高的要求。所以开展研究导向型的教学要充分估计学生在整个教学过程中时间的投入，指导教师需要根据实际情况做出相应的教学调整，这也是研究性教学成果满足深度要求、学生能力得以提升的重要保证。

总体上，此次教学中整个小组同学齐心协力，共同完成了调研分析要求，没有人掉队。虽然完成的质量参差不一，但每位同学都积极投入，成果完整，深度尚可，最终成果获得了评委老师的一致认可。徐施鸣同学在自己的研究报告中对这次学习做了这样的总结：

"此次调研加深了我对城市公共空间的认识，学会了从各个方面，例如区位背景、交通流线、空间尺度、街道家具、人流活动等角度去分析城市的社会性特征。同时，掌握了数据整理与解析、成果表达的方法，掌握了例如设计规范指标、研究方法等多种资料，也对城市公共空间的设计有了理解与想法。重要的是，在调研过程中我发现如何设计都需要与实际情况相结合，一些指标、经验都只能作为参考，根据需求的不同，设计也往往需要作出改变。"

1.5　结语

"研究导向型"教学包括研究导向的学和研究导向的教两个部分。[10]本书主要从指导教师的视角介绍了"研究导向型"教学的立意、思考和操作，是对"研究导向型"教学的粗浅尝试。从学生视角的"研究导向型"教学的目标和组织的评估亟须在以后的专业教学过程中不断展开。将"研究导向型"教学的教与学互动融合是"研究导向型"教学需要不断探索的重要命题。

"国际一流大学"的建设就是要培养高质量的创新型、研究型人才。作为人才培养的重要节点，高等教育的"研究导向型"教学是促成学生自主学习、终身学习的重要手段和路径。在这一过程中，主动积极的心态，面向未来的视野，不断探索的精神，切实可行的方法是这一手段和路径得以实现的重要保证。

参考文献

[1]陈冰，常莹，张晓军，陈雪明. 研究导向型教学理念及相关教学模式探索［J］. 中国现代教育装备，2017（11）：53-56.

[2]欧瑞秋，田洪红. 研究导向型教学的设计和实施——以经济学为例［J］. 科教文汇（上旬刊），2019（05）：100-101＋112.

[3]王海萍，王晓飞. 对研究型教学模式中"研究"的哲学思考——兼论杜威的经验方法与实用主义教育哲学［J］. 黑龙江教育（理论与实践），2016（Z2）：1-2.

[4]赵春生，梁恩胜. 基于 LanStar 的研究性教学模式分析［J］. 当代教育实践与教学研究，2017（02）：82＋84.

[5]吴福飞，董双快.《建筑结构》课程的研究性教学与实践［J］. 智库时代，2017（09）：105＋141.

[6]李凤莲. 以学生为中心的研究性教学法探讨与实践——以工程制图课程为例［J］. 教育教学论坛，2018（24）：163-164.

[7]贺永，司马蕾. 建筑设计基础的自主学习——同济大学 2014 级建筑学 2 班建筑设计基础课程组织［C］. 2015 全国建筑教育学术研讨会论文集，2015（11）：196-200.

[8]［丹麦］扬·盖尔、比吉特·斯娃若著，赵春丽、蒙小英译，杨滨章校，公共生活研究方法［M］. 中国建筑工业出版社，2016.09.

[9]朱晓丹. 国外研究性教学现状对我国高校创新型人才培养的启示［J］. 新疆教育学院学报，2018，34（01）：45-49.

[10]王晶，赵冬燕，张敬. 研究导向型教学理念在经管类本科双语课程中的实践——以"Research Skills"课程为例［J］. 教育教学论坛，2019（09）：169-170.

本文发表在《中国建筑教育》2020（总第 24 册）杂志第 72-78 页，内容有删改。

2　地理环境及区位影响
——"城市公共空间调研与解析"调研报告

纪少轩

【摘　要】上海创智天地广场位于江湾—五角场城市副中心。来这里的人主要进行商业、金融、餐饮、教育、运动或餐饮等活动。从现场调查数据入手，报告研究了创智天地广场的区域影响，借助数据分析交通运行，参考现有文献，提出具有代表性的结论以及基于此结论的改造方案。

【关键词】区域影响；城市副中心地带；数据分析

Abstract：Chuangzhi Tiandi (KIC) is located in the sub-center of Jiangwan-Wujiaochang, Shanghai, a place that includes business, finance, catering, education, sports, etc. Based on the survey data, the paper studies the regional impact of KIC, uses the data to analyze traffic operation. Referring to the existing literature, the paper presents representative conclusions and reconstruction plans based on the research.

Keywords：Regional influence; Urban sub-center; Data analysis

2.1　引言

2.1.1　背景

本次研究基于数据采集分析得出结论。从早上、中午以及下午三个时间段对现场的人流进行抽样记录。这些数据具有一定的代表性，通过统计到达广场人流的数量、距离和所需时间反映创智天地广场对周边区域的辐射影响。

对影响范围最直观的表现即人流、物流的来往，这些是可以直接调查得到。对于看不到的商业、金融等因素的影响不在本次调查范围内。这次研究着重于在多个层面分析创智天地广场对于五角场、杨浦区乃至上海市的影响。

掌握了人们出行的起点与终点，以及停留在本区域的时间和活动内容即可部分反映出创智天地广场的区位影响。

2.1.2 基本情况

从三个时间段的取样分析得出，来创智天地广场的人流大致可分为三类：上班的、上学的和生活的。基于上班人群的影响范围是最大的，其次是基于上学的人群，最后是基于生活的人群。

2.2 案例信息

2.2.1 区位

上海市杨浦区创智天地广场位于上海四大城市副中心之一的五角场，是邯郸路、四平路、黄兴路、翔殷路和淞沪路的交汇处。从整个上海的地图来看，创智天地广场位于黄浦江下游，在上海老城与黄浦江出海口吴淞港的中间地带，与中心城区西南部的徐家汇呼应。我们研究的创智天地是创智天地广场、创智坊、科技园以及江湾体育中心整片区域之中的一个。

创智天地以创智天地园区为核心，辐射江湾五角场地区的杨浦区高新技术产业发展集聚区，成为杨浦区公共活动中心、创新服务中心和示范功能中心，是金融、办公、文化、体育、高科技研发和居住为一体的综合型市级公共活动中心。

2.2.2 交通

创智天地广场附近交通是由包括车行道、人行地道、下沉式广场及地铁 10 号线等共同构成的立体交通网络。

2.2.3 历史

江湾—五角场地区既是 2000 年上海市城市总体规划中确定的中心城 4 个副中心之一，也是 2003 年市政府批准的中心城 12 个历史文化风貌区之一。江湾—五角场地区位于上海市中心城区东北部，是杨浦区的核心区域。

该地区曾经是国民政府拟建的市政中心。自 1843 年中国被迫打开国门后的 100 多年里，上海的租界面积不断扩大。国民政府迫于无奈，只得在上海东北隅建设新市区，并于 1929 年制定了《大上海计划》。该计划是近代中国引进西方城市建设和规划理念的先驱之一，并对建筑的民族风格与现代风格的融合进行了有益的尝试，在上海乃至中国的城市建设史上占有重要地位。然而，在仅实施了短暂的 8 年后，《大上海计划》因 1932 年"一·二八"事变而中断。虽然计划仅实施了一部分，但以上海市政府大厦、江湾体育场等为代表的大型公共建筑却成为历史的见证。局部的环状加放射的干道系统和蛛网式、网格式的支路系统成为这一地区显著的风貌特征。

经过半个多世纪的变迁，这一地区虽然没有成为上海的市政中心，但因周边高校云集而逐渐演变成为一个综合地区中心。新的建设对近现代的历史遗存本身影响不大，但由于功能和形式已经没有延续的痕迹，历史变成不连续片段，因此地区历史风貌的整体特色难以体现。[1]

2.3 案例分析

2.3.1 采集点

本次调研的人流采集点为地铁出入口、进入广场的道路和机动车停车库出入口（图 2-1～图 2-3）。在相同时间内，从地铁出入口进出的人流明显多于进入广场的道路和机动车停车库出入口的人流，说明进出创智天地广场的人流主要依靠公共交通。

图 2-1　地铁出入口　　　　图 2-2　进入广场的道路　　　　图 2-3　停车场出入口

以地铁出入口为例，时间设定在下午 15：30-16：00，调查发现离开广场的人流明显大于进入广场的人流数量。进出的人群主要以中青年人为主，老年人相对较少（表 2-1）。

下午 3：30-4：00 地铁出入口附近人流　　　　　　　　　　表 2-1

	进入	出去	停留	经过
青年人	13	21	3	7
中年人	34	76	7	22
老年人	14	17	12	14

随机对进入广场的 30 人进行调查，发现主要的人群都是通过地铁到达创智天地广场的。不通过地铁到达创智天地广场的人群中，青年人、中年人主要依靠共享单车，老年人则主要通过步

行到达广场（表 2-2）。

交通方式（30 人计）				表 2-2
	步行	公交车	共享单车	地铁
青年人	7	1	10	12
中年人	3	2	7	13
老年人	12	7	1	10

随机对进入广场的不同年龄段按 30 人进行调查（中年人本次取样为 25 人），发现许多青年人到达广场所花费的时间在 2.5 小时以上，许多中年人到达广场所花费的时间在 1.5 小时以上，许多老年人花费的时间则控制在 0.5 小时以内（表 2-3）。

出发时间（30 人计）				表 2-3
	13：00 点前	14：00 点前	15：00 点前	15：00 点后
青年人	12	4	7	7
中年人	3	19	4	4
老年人	5	3	4	18

2.3.2　人流分布

在相同的时间段内，人流主要聚集在广场的休憩区域，下沉广场的人流明显多于进出办公建筑的人流和绿化景观周围的人流（图 2-4～图 2-7）。

图 2-4　下沉式广场

图 2-5　楼梯口

图 2-6　绿化景观

图 2-7　休憩区域

2.4　结论

现场调查的数据只能代表一部分的情况，部分反应不同时间段人流在广场的分布情况。

在工作日的时候大多数来创智天地广场的人都是来上班的，所以无论从地铁出入口还是停车场之中的人流量是最大的，可以看出该广场的辐射可以覆盖到地铁 10 号线所服务的地区范围。工作日来到这里散步或者是活动的老年人的出行都很有规律，大多数来自距离创智天地广场不超过 3 公里左右的居民区。青年人来到创智天地广场中的大多数是由于连接着地铁的创智天地广场地下商业街，而去学习的人中多为幼儿教育人群或者是小学生，抽样调查也可以看出大多数学生的学校都是在创智天地广场附近。[2]

从出行链方面来分析可以很直观地看出[3]，在创智天地以商业、科技发展为主的条件下，所辐射到的范围不单只是五角场这个副都市中心区域，整个杨浦区都在其服务范围内。

参考文献

[1] 沈果毅，曹晖. 从保护到重塑——江湾历史文化风貌区和江湾—五角场城市副中心规划的启示 [J]. 城市规划学刊，2008（z1）：140-143.

[2] 徐方晨，董丕灵. 江湾—五角场城市副中心地下空间开发方案 [J]. 地下空间与工程学报，2006，{4}（S1）：1154-1159.

[3] 杨敏. 基于活动的出行链特征与出行需求分析方法研究 [D]. 江苏：东南大学，2007.

教师点评

　　纪少轩同学负责创智天地广场的区位分析，目标在于分析创智天地广场对周边地区的辐射作用。调研花大量精力完成了不同时段出入广场的人流特征的采样，包括人群的类型和数量、采用的交通方式以及人流分布的共时性特征。通过区位分析，从区域、城市的尺度和范围看待研究对象，建立全局的观念。

　　调研报告对调研结果只是简单的数据罗列，没有展开相对更有深度的分析，最终报告的结论偏弱，工作量不够饱满。

城市公共空间调研解析 2-1　　城乡规划一班　纪少轩　1650394　指导老师　贺永

创智天地辐射范围分析

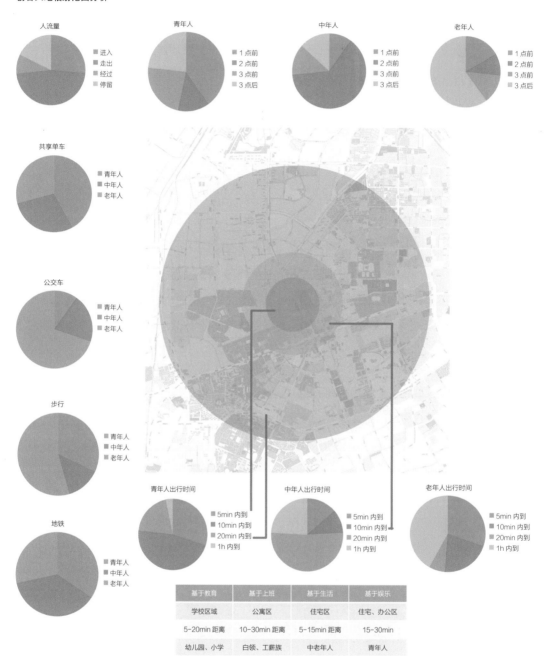

基于教育	基于上班	基于生活	基于娱乐
学校区域	公寓区	住宅区	住宅、办公区
5-20min 距离	10-30min 距离	5-15min 距离	15-30min
幼儿园、小学	白领、工薪族	中老年人	青年人

在我们去的几次不同时间段的调研中得到的数据虽然只能代表一部分的情况，但也可以看出，在工作日大多数来创智天地的人都是来上班的，所以无论从地铁出入口还是停车场之中的人流量是最大的，从而可以看出在商业范围内的辐射性可以覆盖到地铁10号线所在的地区范围。而在工作日来到这里散步或者是活动的老年人的出行都很有规律，大多数来自距离创智天地不超过3公里左右的居民区。青年人到创智天地的大多数是由于连接着地铁的创智天地地下商业街，而去学习的人多为幼儿教育人群或者是小学生，抽样调查可以得出大多数学生的学校都是在创智天地附近。

从出行链的方面来分析很直观地就可以看出，在创智天地以商业、科技发展为首的条件下，所辐射到的范围不单只是五角场这个副都市中心区域，整个杨浦区都在其服务范围内。不同的行业下辐射到的范围也是不一样的，就如居民的日常活动一样，选择来创智天地散步的更多是带着小孩来上学或者是老年人来散步的。

城市公共空间调研解析 2-2

城乡规划一班 纪少轩 1650394 指导老师 贺永

创智天地区位分析

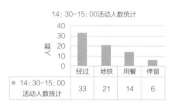

	经过	地铁	用餐	停留
■ 14:30-15:00 活动人数统计	33	21	14	6

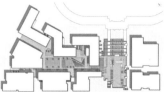

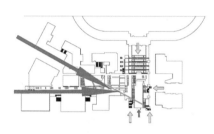

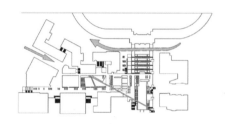

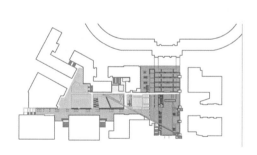

　　江湾—五角场地区既是2000年上海市城市总体规划确定的中心城4个副中心之一，也是2003年市政府批准的中心城12个历史文化风貌区之一。江湾—五角场地区位于上海市中心城东北部，是杨浦区的核心区域。该地区曾经是国民政府拟建的市政中心，而目前是上海建设中的城市副中心。

　　自1843年中国被迫打开国门后的100多年里，上海的租界面积不断扩大。国民政府迫于无奈，只得到上海东北隅建设新市区，并于1929年制定了《大上海计划》。该计划是近代中国引进西方城市建设和规划理念的先驱之一，并对民族风格与现代风格的融合进行了有益的尝试，在上海乃至中国的城市建设史上占有重要地位。然而，在仅实施了8年后，《大上海计划》因1932年"一·二八"事变而中断。虽然计划仅实施了一部分，但以上海市政府大厦、江湾体育场等为代表的大型公共建筑却成为历史的见证。局部的环状加放射的干道系统和蛛网式、网格式的支路系统成为这一地区显著的风貌特征。

　　我们所研究的创智天地是属于创智天地广场、创智坊、科技园以及江湾体育中心一整片区域之中的一个区域。以创智天地园区为核心，辐射江湾—五角场地区的杨浦区高新技术产业发展集聚区，成为杨浦区公共活动中心和创新服务中心，起到示范作用。这里是集金融、办公、文化、体育、高科技研发以及居住为一体的综合型市级公共活动中心，是以科教为特色的现代服务业集聚区，是以繁荣繁华为标志的市级商业中心，是三区融合、联动发展的示范性区域。

城市公共空间调研解析 2-3

城乡规划一班　纪少轩　1650394　指导老师　贺永

创智天地空间分析

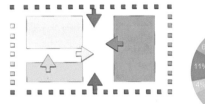

人流动向分析图

下午活动人数

- 通过 19%
- 驻足 30%
- 带娃 19%
- （单独活动的小孩）4%
- 坐下 11%
- 遛狗 6%
- 散步 10%
- 锻炼 1%

上午活动人数

- 通过 20%
- 驻足 30%
- 带娃 21%
- （单独活动的小孩）5%
- 坐下 8%
- 遛狗 5%
- 散步 10%
- 锻炼 1%

四处入口图片

这里是景观区域，在此驻足停留休憩的人会比较多。
因此，在这片区域调查的对象多为老年人过来这边散步、遛狗

这里的入口连接着政立路。
一般来说，这个入口的人流多半仅是经过这里或者是去停车场

这里的入口连接江湾体育场的地铁。
这个入口是次于主入口人流数量的入口，一半是年轻人，一半是上班族

这里的入口连接着两个科技创业的办公楼。
这个入口的人流趋向明显，基本都是上班族

对比我们组调查的另一个海上海商业街，创智天地的开敞程度和可达性远远要大于
海上海商业街，五角场商圈的独特优势使其所能够辐射到的范围增加了一圈

3 基于"步行链"的公共空间交通研究

——"城市公共空间调研与解析"调研报告

成 昶

【摘 要】依据"步行链"理论，通过对上海创智天地广场的交通流线和使用频率进行考察，分析公共空间特性与商业空间步行组织网络之间的关联性，进而提出理想"步行链"网络模型，即轨道交通站点周边的交通设施接驳规划越完善，轨道交通站点公共设施越完善，城市公共空间商业成分的拓展空间也就越大，与周边市民公共活动的互动性也就越强。

【关键词】交通接驳；步行链；商业空间；互动性

Abstract：Based on the "Walking Chain" theory, I perform a research on the traffic flow and frequency of usage of Shanghai KIC Plaza, a city public space which is performing commercial value. I analyze the connection between the characteristics of public space and its commercial space walk group network, and point out the network model of the ideal "Walking Chain". Finally, it comes to a conclusion: the more perfect the rail transit site planning of the surrounding traffic facilities is, the more space of the urban public commercial square is and the stronger the surrounding residents public activities of interactivity is.

Keywords：Traffic connection; Walking chain; Business space; Interactivity

3.1 引言

3.1.1 背景

近20年来，我国各城市快速、大规模地新建很多城市广场，但存在着一个普遍的问题，就是很多城市公共空间交通流线规划呈现粗规划，甚至是无规划的状态。这些构成城市交通网络的公共空间网络，有一部分仅考虑了流线的完整性，形成了巨大而空旷的空心广场，无法支撑市民对于交通网络基本的诉求；还有一部分忽视了与周边交通设施的接驳规划，产生了难以深度利用的走廊过道，导致部分交通道路使用率极低。[1]

从交通网络的设计上来看，这些缺失很大程度上是由于"步行链"的上位设计与市民基本社会活动诉求的脱离。针对这个问题，本调研尝试以公共空间为依托，从商业空间的流线网络入手，架构"步行链"的理想模型，为城市公共空间的规划设计提供参考。

3.1.2 基本情况

创智天地位于上海市杨浦区，规划占地约 84 万 m²，包括创智天地广场、创智坊、江湾体育场，以及创智天地科技园四大部分。文章主要分析的是创智天地广场为核心的城市公共空间。最初，为营造优质的社区环境，创智天地在交通路网方面制定了相应的城市设计策略：

1）空间秉持可持续发展的理念，发展"鼓励步行，以公共交通为导向"的社区，倡导步行的生活方式，尽量减少小汽车的使用，增加人们在街头"偶遇"和交流的机会，增强社区活力，提升人们的社区认同感（图 3-1）。

2）创智天地采用了小街块、密路网的规划设计，将政府出让的大块土地划分为 1-2 公顷不等的"小地块"进行开发，为知识经济工作提供较多的出行路线选择，丰富出行体验；鼓励步行，增加交流机会，避免绕行，减少出行距离，从而便捷到达目的地；同时，最大限度地连接公共交通，提高出行效率。小街块、密路网还有利于实施分期开发和保证社区营造的有序性。实践证明，小街块、密路网的规划设计是一种"以人为本"的可持续发展模式（图 3-2）。

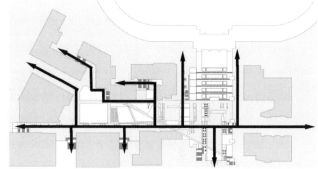

图 3-1 创智天地广场主街场景　　　　　图 3-2 创智天地小街坊路网关系图

3.1.3 "步行链"的空间与时间概念

"步行空间链"是从空间距离角度对换乘距离的度量，乘客自轨道交通、自行车、小汽车、出租车或公交车等上一种交通方式结束后为起点，通过步行到达下一个链接交通方式的站点，直至到达目的地的空间距离。[2]

轨道站点"步行时间链"是从换乘时间角度对换乘服务水平的一种度量，在实际的换乘过程中，除了在通道、楼梯、扶梯或电梯等平面或垂直交通上的通行时间外，还包括在各衔接段的排队等候时间。

3.2　案例信息

3.2.1　演变与发展

杨浦区有百年市政文明。1929 年，"上海市政府"划定今江湾—五角场的东北地带作为新上海市中心区域。1930 年，建造新市政府大厦、图书馆、江湾体育场等市政设施。

20 世纪八九十年代，杨浦区的大部分工业外迁和转移，其经济发展速度相对于上海其他城区较慢，需要寻找新的经济增长方式和增长点来加快发展，提升城区竞争力。

3.2.2　环境构成

目前，基地周边地区正在进行修缮和再利用。北侧的政立店铺都被拆除，立面封闭，缺乏活力，有居民区但是进出需要绕行，较麻烦，因此对外部吸引力不强，是穿行人流的重要出入口。西侧淞沪路不方便停车，道路车道多，车速快，因此在车流量较小的政立路上设置了停车场的入口以满足创智天地的停车需要。

东侧是江湾体育场，正对体育场的区域设置了大面积的下沉广场和绿化作为主要的活动和通行场所，贯通了淞沪路和江湾体育场之间的视线和交流。东侧道路的人流有多个入口可进出创智天地。同时，可以将外围建筑和绿化作为沿街景观。在江湾体育场举行活动时，创智天地作为公共空间的节点作用更加明显和突出。

南侧是虬江路，多为办公楼，除淞沪路外只有国庠（shè）路的小桥连接对岸，可达性不强，综合功能配置偏弱。过河后是地铁 10 号线站点和公交的交通枢纽，很多行人在进出时会选择通过创智天地南侧。南侧同样设置了一个停车场，可通过更便利的淞沪路进入这个活动较少的区域。

西侧是淞沪路，这也是创智天地最长最重要的对外部分。地铁 10 号线的站点和淞沪路的地下商业街使得行人更可能逗留，可以从地铁站和淞沪路另一侧的大学路区域轻易来到创智天地，这里也是创智天地最主要的人流出入口。10 号线的 11 出口、12 出口和 13 出口的连续分布使得创智天地的可达性得到很大提高，加强了商业和社会性作用。

3.3 解析结果

3.3.1 "步行链"接驳网络

外部换乘接驳设施对应于"步行链"的各交通方式至地铁出入口的衔接段（图3-3、图3-4）。在各换乘接驳类型中，宜遵循"步行＞自行车＞公交车＞出租车＞小汽车"的优先规则，优先安排步行、自行车和公交车的接驳设施。

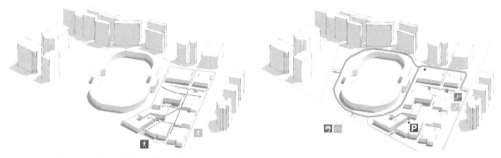

图3-3　步行交通流线网络　　　　　图3-4　静态交通设施及机动车、非机动车通道

步行接驳是采用步行方式到达轨道站点的出入口。选择步行方式的影响因素包括步行距离与时间、步行路径的便捷性、步行环境的舒适性、替代交通方式的便捷性与经济成本等。步行通道的连续性、步行环境的舒适性也是居民出行关注的重要因素。

自行车接驳包括普通自行车接驳与公租自行车接驳。选择自行车方式接驳的影响因素包括自行车停车场距离地铁出入口的距离、自行车通道的连续性和安全性、停车场的收费情况、停车场的管理与安全状况、停车场的硬件设施环境、公租自行车的网点分布等。普通自行车接驳方面，由于重视程度不够，轨道交通与自行车接驳设施建设机制与体制、建设时序等方面不协调，地铁站点周边普通自行车停车设施的规划布置较为薄弱，多为利用站点周边绿化、步行道路空间、边角地等自发形成的接驳设施区域。[3]

3.3.2 "步行链"的分析建构

通过分析地铁前后端交通方式发现，对于轨道交通出行的前后端交通方式选择差异不大，步行均为主要的衔接方式；其次，公交车也占有较高的衔接比例（图3-5）。

根据调查统计，调查者早晚出行方式完全一致，即早晚均选择同一轨道交通站点，并且早高峰的前端交通方式即为晚高峰的后端交通方式，相反早高峰的后端交通方式即为晚高峰的前端出行方式，因此不难

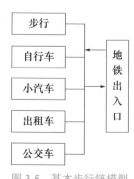

图3-5　基本步行链模型

解释创智天地可能成为一个定点式的交通站点。但同时仍有出行者早晚出行方式并不相同，通过对其差异原因进行进一步询问及分析，其主要原因为以下活动：和朋友聚会及顺道购物。调查者也有因为运动健身和接送孩子的需要，导致早晚出行方式的不同。

根据不同性别的出行者对轨道交通前后端出行方式选择的分布情况分析，性别对于步行、公交车、自行车，性别的影响因素很小。

3.4 总结

轨道站点是轨道交通网络中的关键节点，研究针对轨道站点内部接驳设施缺乏规划指引、内外衔接不畅的现象，提出了轨道站点"步行链"的概念，总结了"步行链"的交通设施规划特征与建议。根据创智天地的实地情况，对于以下三个位置提出修改建议。

1）位于大学路上的江湾体育场地铁站

该地铁站延伸长度长达数公里，有多个出站口，在这个位置的出站口面朝大学路路口，但陆缘面积较小，再加上大学路上的咖啡店大多都将门前的空间加以利用，挤压了步行空间的同时，也挤压了共享交通工具的生存空间。实际上切断了原本连贯的"步行链"。这个地铁站口也是创智天地与江湾体育场之间链接的地下通道，但是长期处于周边高层建筑的压迫中，周边的广场空间没有被开发出应有的价值。

2）位于创智天地 2 号楼背后，临近国库路的汽车车库

原本的车库没有顶棚，从质量上考量，本就不具备应对上海恶劣天气的能力，而且衍生出一个相对阴暗、不通畅的员工通道；临近国库路的车库，事实上停放的车辆非常少，大多数的车辆停放在环绕江湾体育场国库路路边，造成了道路空间的浪费，同时也浪费了安排的车库空间。据推测，在国库路停放的车辆可能有很大一部分来自于周边社区的居民。

3）位于淞沪路创智天地的入口处

在邻近入口处是一个高坡，与桥相衔接，但停放了大量自行车与共享单车，对于骑行者的安全造成了极大威胁，对于步行的节奏来说也是不稳定的；入口处人流与车流将产生冲突，非常有可能因为树木的遮挡而造成事故，需要进行合理的规划。

参考文献

[1] 周嗣恩. 基于"步行链"的轨道站点交通设施规划研究，2013.

[2] 郭彧鑫. 基于出行链的轨道交通衔接方式研究——以北京为例 [D]. 北京建筑大学硕士学位论文，2015.

[3] 方晓丽. 城市轨道交通接驳公交线路布设及优化方法研究 [D]. 西南交通大学硕士学位论文，2013.

教师点评

　　成昶同学负责创智天地的（静态和动态）交通调研，研究对象包括周边区域地铁、公交路线及公交站点等。在调研过程中，成昶同学还自行查阅了大量相关文献，引入"步行链"概念，研究周边交通对到达广场人流的影响，从连续、关联的视角阐述研究对象周边和内部交通的组织方式和现状特点，解析公共空间的服务属性和辐射属性。

　　报告对于"步行链"的描述，目前还停留在概念层面，没有将概念和被调研对象的实际特点结合在一起。理论概念与研究对象之间的关系略显游离，分析的深度不足。

城市公共空间调研解析 3-1

城乡规划一班 成昶 1650396 指导老师 贺永

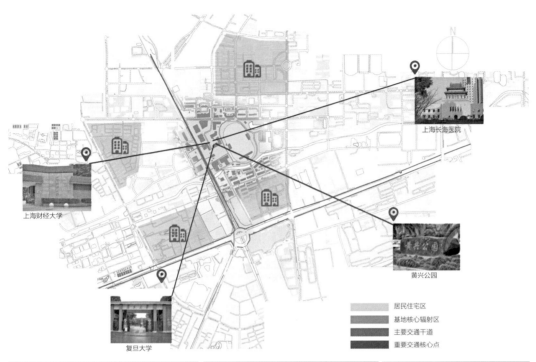

上海长海医院

上海财经大学

黄兴公园

复旦大学

居民住宅区
基地核心辐射区
主要交通干道
重要交通核心点

基本信息
项目完工时间：2006年
用地面积：67000平方米
项目面积：162886平方米
类型：商业+办公、教育、综合功能

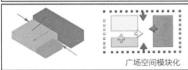

广场空间模块化

平面图

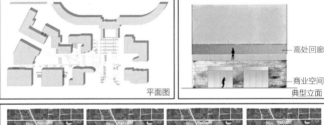

高处回廊

商业空间

典型立面

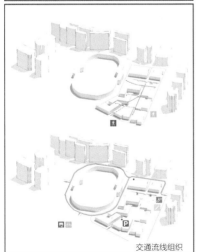

交通流线组织

周边环境分析

创智天地基面长宽比最低2.5，比普遍舒适
数值指标（1.5）高出2/3。

边围高深比一般处于0.4左右，但由于周边建筑
有后退，营造观感良好。

环境尺度分析

对于高科技和创新型的企业而言，员工的工作模式已不再是传统的较长时间一个人专注的工作模式。对于创新型公司而言，成功来自于信息的互通、灵感突现和专业知识。因此，时至今日，能够创造成功的日常工作应包含四种模式：专注的个人工作（Focus）、合作（Collaborate）、学习（Learn）、社交（Socialize）。这四种模式互相作用，形成良性循环。
创智天地所营造的这种能够自主性循环的工作氛围，对于知识型小社区的营建无疑是具有极大借鉴意义的，尤其是在社会主流谋求"智造"的当时。

城市公共空间调研解析 3-2

城乡规划一班　成昶　1650396　指导老师　贺永

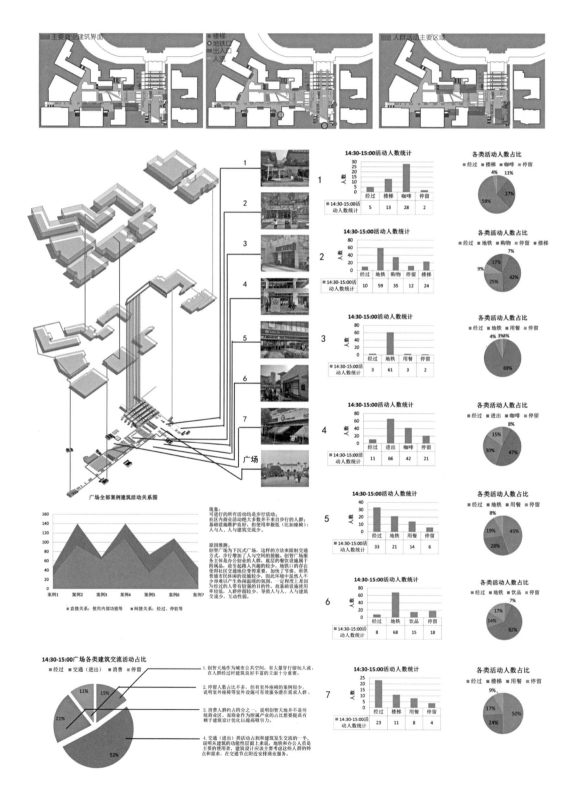

城市公共空间调研解析 3-3

城乡规划一班　成昶　1650403　指导老师　贺永

创智天地广场空间尺度解析

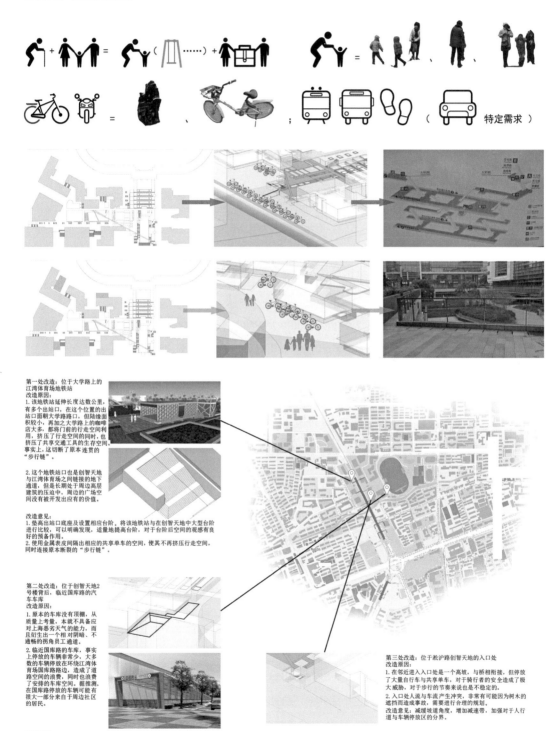

特定需求

第一处改造：位于大学路上的
江湾体育场地铁站
改造原因：
1.该地铁站延伸长度达数公里，
有多个出站口，在这个位置的出
站口面朝着大学路路口，但陆续面
积较小，再加之大学路上的咖啡
店太多，都将门前的行走空间利
用压，挤压了行走空间的同时，也
挤压了共享交通工具的生存空间，
事实上，它切断了原本连贯的
"步行链"。

2.这个地铁站口也是创智天地
与江湾体育场之间链接的地下
通道，而且是长期处于周边高层
建筑的压迫中，周边的广场空
间没有被开发出应有的价值。

改造意见：
1.垫高出站口底座及设置相应台阶。将该地铁站口与在创智天地中大型台阶
进行比较，可以明确发现，适量地提高台阶，对于台阶后空间的观感有良
好的预备作用。
2.使用金属表皮隔出相应的共享单车的空间，使其不再挤压行走空间，
同时连接原本断裂的"步行链"。

第二处改造：位于创智天地2
号楼背后，临近国库路的汽
车车库
改造原因：
1.原本的车库没有顶棚，从
质量上考量，本就不具备应
对上海恶劣天气的能力，而
且衍生出一个相对阴暗、不
通畅的拐角员工通道。

2.临近国库路的车库，事实
上停放的车辆非常少，大
多数的车辆停放在环绕江湾体
育场国库路的道路空间边，造成了道
路空间的浪费，同时也浪费
了安排的车库车位。据推测，
在国库路停放的车辆可能有
很大一部分来自于周边社区
的居民。

改造意见：
1.将车库的入口重新规划，改为与办公楼一体的整体设计，并规范停车安
全及收费流程。
2.在车库上方叠加玻璃顶棚，在周边种植灌木，丰富步行环境。

第三处改造：位于淞沪路创智天地的入口处
改造原因：
1.在邻近进入入口处是一个高坡，与桥相衔接，但停放
了大量自行车与共享单车，对于骑行者的安全造成了极
大威胁，对于步行的节奏来说也是不稳定的。
2.入口处人流与车流产生冲突，非常有可能因为树木的
遮挡而造成事故，需要进行合理的规划。
改造意见：减缓坡道角度，增加减速带，加强对于人行
道与车辆停放区的分界。

4 建筑及街区空间利用

——"城市公共空间调研与解析"调研报告

姚智远

【摘 要】位于上海市杨浦区江湾体育场旁的创智天地广场，是一个融工作、生活、学习、娱乐于一体的知识社区。本研究关注的是创智天地整体的街区空间利用状况。该街区下沉广场为人群提供了很好的活动空间。同时，以广场为中心散布着各类商业、办公、服务功能设施，具有很好的研究价值，也是具有很强代表性的城市公共空间。

【关键词】空间划分；下沉广场；建筑界面；公共空间

Abstract：The KIC plaza located in Yangpu District of Shanghai besides the Jiangwan stadium, is a urban public space that our group decided to research. It is a knowledge-based community that contains work, life, education and entertainment. The object that I focus on is the utilization of KIC block space. The sank square in the block provides an excellent space for the crowd, and at the same time, the Plaza is surrounded by all kinds of commercial office service facilities which provides us with a great value in research, and it is also a perfect represent of urban public space.

Keywords：Space division; Sank square; Building interface; Public space

4.1 引言

4.1.1 调研背景

本次调研是针对城市公共空间的解析。要求选择一个一定规模的公共空间，从公共空间区位、历史背景和发展、功能构成、交通组织、功能辐射、环境状况、空间尺度、服务人群动态等角度入手，进行不同层面的调研。从基本信息整合处理向专项调研的方向由浅入深地推进。同时，通过调研，将关注的角度从单体建筑内部和有限的外部空间逐步向大型的公共空间乃至于城市视角的空间尺度扩展。

本次城市公共空间的调研可以帮助我们从调研和研究中，学习城市调研的基本方法，并且积累和形成城市公共空间的相关知识和概念，学习调研报告的撰写、信息处理的方式、选取分析的角度及手法等。

4.1.2　调研对象的选择

我们所选择的研究对象是位于上海市杨浦区江湾体育场旁的创智天地广场。创智天地广场所在的杨浦区为建设成为知识创新区，提出了大学校区、科技园区、公共社区"三区融合、联动发展"的理念。由此，启动了园区的基础建设和产业发展，形成了以创智天地园区为核心，辐射江湾五角场地区的杨浦区高新技术产业发展集聚区，成为杨浦区公共活动中心、创新服务中心和示范性功能区。

该街区从体量规模、街区定位、区位条件、服务范围、空间功能等各个角度都具有极为丰富的背景和研究价值，可调研的角度多样而复杂，具有很强的城市公共空间代表性。

4.2　案例信息

4.2.1　基础信息概况

创智天地广场位于上海市杨浦区江湾五角场城市副中心的中部地块，占地 84 万平方米，总建筑面积超过 100 万平方米。创智天地广场主要由智能化办公楼和下沉广场组成，参考了美国硅谷的设计，注重推动科技创新和创业的环境塑造。

调研部分为创智天地 1 期和 2 期，一期为 4 幢楼，全部为 3-5 层，约 4 万平方米，并且形成创智天地广场。二期为 5 幢楼，约 6 万平方米，层高均为 4.2 米（下沉广场部分为地下一层部分）。

创智天地广场是整个创智天地的神经中枢，广场的智能化办公楼汇集了国内外高科技企业的研发部门、设计创意中心和服务中心。大学、科研机构、创业小公司、风险投资基金、现代服务业企业以它为中心，形成网络，层层互动。其影响力可以辐射到整个上海甚至更广阔的范围。这些智能化办公楼环绕着一个大型的下沉式广场，首层和地下一层进驻各国餐饮品牌，广场上还会定期举行多姿多彩的活动，为知识工作者、艺术家和创业者们营造一个可以广泛交流、让灵感擦出火花的环境。

4.2.2　区位条件

创智天地位于上海市杨浦区的城市副中心区域之一：江湾—五角场地区。距离市中心区只有

10公里左右的距离。这里是上海的大学密集区域，南邻五角场，北靠三门路，东联江湾体育场，西靠上海财经大学，园区周边环绕着复旦大学、同济大学、上海财经大学、第二军医大学等10余所知名大学，因此有丰富的文化背景和创新动力。

江湾—五角场作为上海市的四大副中心之一，有完善的规划和建设。其南部为上海十大市级商业中心之一、科教商务区，其北部为高端知识商务中心，大量世界级跨国公司的研发中心、公司总部以及国际学术交流中心等入驻其中。而我们所调研的创智天地正位于江湾—五角场副中心的中部：规划占地面积0.86平方公里，总建筑面积超过100万平方米的知识创新区中央社区。

作为一个以信息为主的高新技术创新创业园区，类似于创智天地这样的园区在全上海范围内屈指可数，因此该园区的服务对象和服务范围自然不仅是面向江湾—五角场区域，而是服务于杨浦区、上海东北部，甚至是全上海的范围（图4-1）。

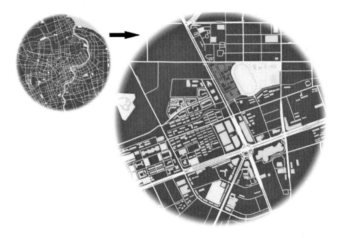

图 4-1 创智天地区位图

4.2.3 周边交通状况

创智天地广场毗邻政立路与淞沪路两条道路，位于两路交汇的东南侧，政通路与淞沪路交汇处的北侧，位于五角场交通枢纽的北侧，可通过地铁10号线到达。地铁10号线江湾体育场站三个地铁口在其园区范围内，因此有着十分便利的城市交通条件。

园区内部（下沉广场）主要供行人活动，仅有两个机动车入口可进入街区。

4.3 案例分析（空间利用角度）

针对创智天地广场的空间利用问题，我将从客观空间、广场为中心的界面、空间功能和人群行为几个方面来进行研究。

4.3.1 物理空间

在客观的物理空间调研中，我主要关注几个层面：空间限定元素和构成、在较大体量角度上的空间划分和较小层次上的空间划分。

（1）空间构成元素的提取

在创智天地广场当中所提取出的主要空间构成元素有围合、覆盖以及下沉。

①围合空间

广场作为一个开敞的空间，较为普遍的范围界定是由建筑等因素围合而成的。而对于本案例中的下沉式广场而言，围合是一个尤为重要的空间限定和构成因素。在创智天地广场当中很容易看到空间围合的手法，且各种围合的形式存在较大差异。在对围合手法进行分析过程当中，我倾向于将围合手段分为以下三种方式：三向围合、双向围合、L形围合（图 4-2、图 4-3、图 4-4）。

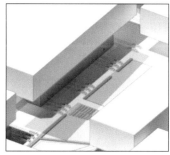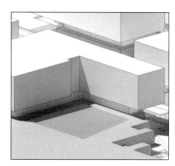

图 4-2 三向围合   图 4-3 双向围合   图 4-4 L 形围合

三向围合是指将空间从三个正交方向进行围合的手段，这样的围合方式能够营造出一个密闭性较强，且有明确的方向指示性的空间，因此这样的空间围合方式常常伴随着楼梯或是通道入口等设施而存在，这种空间的形式除了可以起到空间指示引导的作用，同样也适用于形成较为私密的空间进行人流的聚集。在创智天地广场，这种手法存在于广场的局部区域，特别是临幢建筑之间的空隙（与外界连接的出入口）。

双向围合是指将空间从两个平行方向进行围合的手段。此种围合方式能够形成一个具有方向性的空间，具有较强的流动性，密闭性较小但有很鲜明的限定界限，较容易形成长条形的空间或是长通道，因为较强的流动性，不适宜聚集人群，能够提供行人通行的道路。当两个围合界面之间的距离较小时，更容易形成通行道路。在案例中，这种围合方式会结合绿化景观并且进一步限定形成道路。

L 形围合是指将空间从两个正交方向进行围合的方式。这种围合方式能够形成一个具有一定聚合性质的空间，但同时具有较大的开放性，因此常见于街角位置的围合。在创智天地广场中体现在地上一层界面的建筑转角处。

② 覆盖空间

在创智天地广场当中能够产生覆盖空间的一个必要因素就是围绕广场形成的建筑挑出。覆盖空间，因为存在一个有顶的界面，所以是在垂直方向进行一个界定，而对于水平方向同样具有限定的作用，即在有顶的区域能产生较为私密的空间感。创智天地案例当中这种空间限定手段的利用方式是为餐饮店面提供部分户外的用餐空间。一方面相对于完全开敞的空间有较强的私密性，另一方面相对于室内空间，这样的户外覆盖空间更为自由（图4-5）。

③ 下沉空间

由于下沉广场的存在，下沉的空间限定手法自然成为该案例一个十分突出的手法。但相对于其他限定手法，此案例中的下沉限定手法仅是提供两个楼层平面室外空间的界限。但由于在此案例当中，下沉之后两个界面的高差较大，同时下沉的区域面积也相对大，因此通过这种高低层次的打造，给空间带来更加丰富的视觉感和使用的可能性。这种空间限定方式最直观的体验就是提供一定的隐秘感、保护感和宁静感。在案例当中，正是由于下沉的设计隔绝了地上一层贴近道路的喧嚣氛围，较大高差的最直接的结果就是两个界面完全不同的活动氛围的分割，两个界面互相影响的效应被极大地减弱（图4-6）。

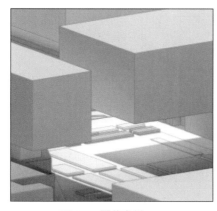 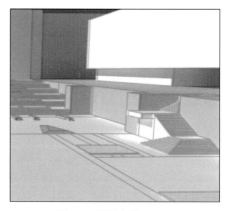

图 4-5　覆盖空间　　　　　　　　　　图 4-6　下沉空间

（2）大尺度（体量）层面的空间划分

这里所提到的大尺度（体量）的划分作用主要体现在范围的限定以及对内外部空间的划分。

① 街区建筑

环绕广场的10幢楼，在空间上而言有着不可忽视的划分作用。虽然前文所提到的下沉和围合的空间限定手法在一定程度上划定了街区空间，但是空间限定手法的应用更多的是针对限定下沉广场内部的空间。创智天地一期和二期的10幢建筑作为创智天地广场不可忽略的重要组成部分，更是划定了所调研区域的边界。因此，街区建筑很大程度上是街区和城市道路的一个区域划分的元素。

② 大阶梯

大阶梯位于广场和江湾体育场之间的空间，自然地划分了广场与江湾体育场之间的空间界限，因此和上述提到的街区建筑一样起到了和外界空间范围的划定作用。同时，大型阶梯也是连接下沉广场和江湾体育场两者的一个"桥梁"，因此空间划分这个概念的并不是完全的隔离空间，而是一个相对的概念（图4-7）。

（3）小尺度（体量）层面的空间划分

相对于大尺度的空间划分，这里的小尺度的空间划分更多侧重的是广场内部空间。

在创智天地广场当中有大量的绿化和景观的设计（较多分布在创智二期部分），这些景观绿化在很大程度上将原本完整的广场空间划分成为不同的区域。同时，由于景观绿化的划分，原本整体的空间呈现出多样的、丰富的路径。衡量人在商业街道活动的一个指标是连通性，体现的是"人对于路径连通的偏向和喜好"。而正是由于这样的空间划分，使得本来整体的广场的连通性大大提升（图4-8）。

图 4-7　大阶梯　　　　　　　　　　　　　图 4-8　景观对路径的分割

4.3.2　广场环绕界面以及内部状态（人的活动角度）

在这一部分的研究当中，探讨的侧重点从单纯的空间限定和构成转移到了立面和内部空间状态的研究。

（1）街区开敞度

对于创智天地广场而言，开敞度基本取决于围绕广场的建筑。因此，对于整个下沉广场而言，开敞度最大的就是面向江湾体育场的部分（创智一期）。其余部分的开敞度和临幢间距以及广场的纵深有很大的关系。开敞度之所以存在其研究价值是因为空间开敞度对于广场整体的空间节奏感以及开放性有一定的联系，并且会很大程度上影响到人的活动。总体而言，除创智一期广场部分开敞度最大以外，创智二期广场沿街的开敞度是个变化的过程。

（2）街区透明度

另一个对街区界面十分重要的因素就是底层的透明度。对于创智天地广场，我选择的底层界面是面向下沉广场区域的地下一层，和面向道路的地上一层两侧。对于透明度这一数据的计算方式如下：

（开敞界面长度 ×1.25 ＋透明门面长度 ×1 ＋透明橱窗长度 ×0.75 ＋实墙长度 ×0）／街区界面总长度 ×100%

有研究结果表明，当透明度大于 60% 时，才能够支持大量的商业活动的进行。[1]

（3）广场内部景观设置

创智天地广场内部的景观主要以绿化为主，同时还包括水面景观、喷泉以及一些街道艺术品的陈设。其中，绿化分为草坪，小型灌木丛，中小型乔木丛以及水生植物四种基本类型（图4-9～图4-12）。草坪和小型灌木丛是上文提到划分广场路径的主要方式。而中小型乔木丛既可分割广场不同区域，提供观赏作用，又可部分起到遮阴的作用。而少量的水面景观也对广场的路径起到了划分作用。

图 4-9 草坪

图 4-10 具备遮阴效果的乔木

图 4-11 水生植物

图 4-12 小型灌木丛

4.3.3 空间功能分布和人群行为

（1）店面功能分布及多样性

对创智天地广场范围中的建筑空间功能分布，我所选取的调查对象同开敞度研究对象相同——面向下沉广场的地下一层店面，以及面向城市道路的地上一层界面。选择的依据是地上二层及以上的楼层全部为办公空间，参考价值较小。首先，功能统计状况如下表所示（表 4-1）。

店面功能统计　　　　　　　　　　　　　　　　表 4-1

	餐饮	教育	银行	购物娱乐	其他
店面数目	13	11	3	2	3
数目占比	40.625%	34.375%	9.375%	6.25%	9.375%

从店面统计状况看餐饮、教育等店面占比很大。但总体来说，店面的多样性相对于创智天地广场这样的一个定位是比较丰富的。同样，从图中可以看到周边的店面功能的多样性和人群活动有一定正相关的关系。店面丰富度更高的区域也正是人流量最大的区域。

（2）功能空间的两种状态：收敛与开放

在进行了上述丰富度数据统计之后，我认为空间的功能与其相对位置、和城市或街区的关系也同样有很大的联系。在对于数据进行二次处理之后，发现教育、娱乐设施等功能大多面向广场内部，而银行等功能更多的是面向沿街道路，餐饮则是两个方向都有分布。

在统计了有这些功能需求的顾客之后，发现银行功能服务的是很大范围的人群甚至是城市尺度上的范围，而餐饮业服务的对象部分是内部工作的员工和周边来下沉广场活动的群众，至于教育机构则针对的人群更为固定。因此，服务范围和店面收敛或是开放的性质是十分相关的。

4.4 结论

在对以上调研内容以及相关状况的分析后，可以总结出以下几个结论。

（1）空间限定和人的活动类型有很大的关系。正如上文所述，三向围合的方向引导性和私密性的特点契合通道入口等空间需要，而双向围合能够提供狭长的流动空间，常用于道路空间，覆盖范围内较为私密同时具有一定开放性的空间，可以供休憩或户外餐饮之用。下沉空间能够分隔两个不同高差空间的氛围，能够削弱地上道路交通等对下沉广场空间感受的影响。这些在创智天地广场都有明确而具体的反映。同样，多种限定手法的结合能够提升空间的趣味性，从创智天地广场的人流状况当中也可见一斑，人们更倾向于在限定手法丰富、有趣味性的空间中活动。

建筑和大阶梯限定外部空间，而街道绿化限定内部路径，一方面界定空间，另一方面提供了连通而丰富的路径，有利于行人活动。

（2）在对《商业街的空间与界面特征对步行者停留活动的影响——以上海市南京西路为例》这篇论文中提到的开敞度和透明度两个数据计算和比对之后发现：透明度对商业活动的影响确实是正向的，同时在探讨开敞度和人的活动之间关系当中发现，开敞度大的区域容易形成开阔的空间，有利于人群进行社会活动，同时过大的开敞度也的确会对商业活动的效率有负面影响。同时，景观的设置对活动人群的吸引作用也是十分明显的，特别是将景观与街道家具的结合提供了很好地活动设施。[2]

（3）区域功能的丰富程度和活动人流的数量是正相关的趋势。创智天地一期广场部分功能更多样，是更多活动人群选择的区域。但我认为两者之间存在双向促进作用，一方面多样的功能促进了人的活动，而另一方面人的集中活动也是导致功能聚集的一个因素。

功能的性质和空间的分配之间的倾向性也是十分明确的。类似于银行、餐饮这样面向的服务对象广泛而随机，与城市之间的关系更紧密，因此会选择外向道路开放；而教育机构这样服务对象有针对性且固定的功能店面，会更为收敛，面向内部开放。同时，由于创智天地街区创业办公的属性，部分餐饮店的服务受众也可能有针对性和固定，因此部分餐饮也体现出一定的内向性。

4.5 问题与建议

上文提到覆盖空间能够提供一个相对私密同时又相对室内更具开放性的空间，可以作为休憩和户外社交的区域。而创智天地广场中有一处以覆盖为限定的空间的利用率较低，部分空间用于户外餐饮桌椅，但更多的是摆放了一些街道艺术品，然而却没有什么活动人群与其发生互动关系，因此在一定程度上，这些陈设的实际利用率较低（图 4-13）。

图 4-13　覆盖空间利用现状

建议设置一些街道桌椅提供一个有一定私密性的公共社交空间，一方面可以提供社会行为的发生空间，另一方面也可以提供一个遮阴的休憩环境，这样能够使得空间利用率大大提升。

参考文献

［1］徐磊青，康琦. 商业街的空间与界面特征对步行者停留活动的影响——以上海市南京西路为例［J］. 城市规划学刊，2014（03）：104-111.

［2］徐磊青，施婧. 步行活动品质与建成环境——以上海三条商业街为例［J］. 上海城市规划，2017（01）：17-24.

教师点评

　　姚智远同学主要研究创智天地广场物理空间的构成、类型及其对使用的影响，重点研究广场界面的透明度和开敞度对商业活动的影响。从围合度的视角研究广场空间的类型，从透明度的视角研究下沉广场商业设施的类型。报告的逻辑层次清晰明了，研究结论明确，所提建议也具有很强的可操作性。

城市公共空间调研解析 4-1

城乡规划一班 姚智远 1650401 指导老师 贺永

创智天地基本状况介绍

城市公共空间调研解析 4-2

城乡规划一班　姚智远　1650401　指导老师　贺永

创智天地广场空间利用状况解析

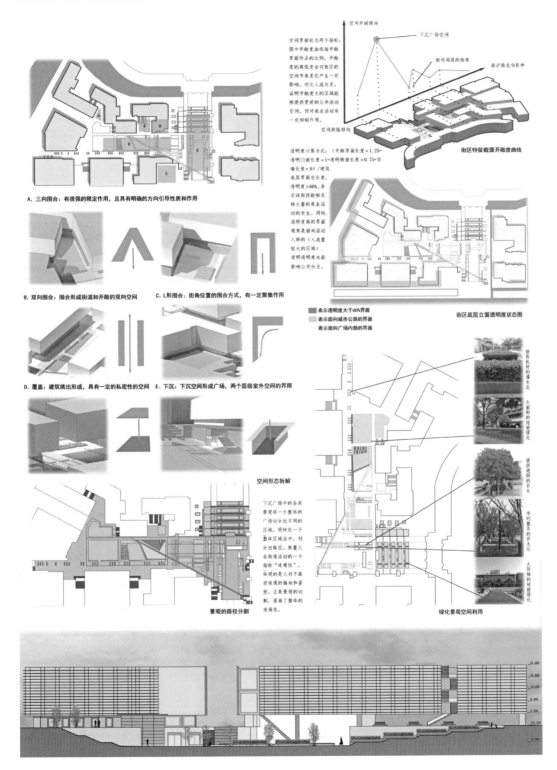

A. 三向围合：有很强的限定作用，且具有明确的方向引导性质和作用

B. 双向围合：围合形成街道和开敞的双向空间

C. L形围合：街角位置的围合方式，有一定聚集作用

D. 覆盖：建筑挑出形成，具有一定的私密性的空间

E. 下沉：下沉空间形成广场，两个层级室外空间的界限

空间形态拆解

景观的路径分割

绿化景观空间利用

街区特征截面开敞度曲线

街区底层立面透明度状态图

城市公共空间调研解析 4-3

城乡规划一班　姚智远　1650401　指导老师　贺永

创智天地广场空间利用状况解析

5 创智天地广场的空间尺度

——"城市公共空间调研与解析"调研报告

管 毅

【摘 要】本研究的关注点为城市广场空间尺度，通过从宏观、中观、微观三个层面对创智天地广场空间尺度进行研究分析，总结出创智天地广场的空间尺度设计较为合理，是中国城市广场从大尺度转变为日常生活广场的成功案例。

【关键词】公共空间；城市广场；空间尺度

Abstract：Paying attention to the space scale of city square, the author does the research and analysis from the macro, meso and micro space scale of KIC plaza, and makes the conclusion that the space scale of KIC plaza is reasonable. KIC plaza is a successful case which representatives the changes from large scale square into daily life square.

Keywords：Public space; City square; Space scale

5.1 引言

5.1.1 调研背景

城市公共空间是城市中建筑实体之间的开放空间体，是市民社会生活的场所，是城市实质环境的精华、多元文化的载体和独特魅力的源泉，包括街道、广场和公园等。城市广场素有城市客厅之称，是重要的城市公共空间。国内目前对现代广场的定义为：为满足城市中多种社会生活需要而建设的，以建筑、道路、山水、地形等元素围合，由多种软、硬质景观构成的，采用步行交通手段到达的，具有一定主题思想和规模的城市户外公共活动空间。[1] 为了对城市公共空间有直观的了解与认知，在贺永老师的指导下，八位同学组成调研小组对上海市杨浦区创智天地广场进行了实地调研与解析。

5.1.2 调研内容

在众多形式的城市公共空间中，本调研小组选择了城市广场这一类型，具体以上海市杨浦区创智天地园区的创智天地广场为调研案例，进行了实地考察与调研。八位同学在集体合作的基础上，分别深入研究了区位背景、交通网络组织、建筑及街区空间利用、空间尺度、公共服务设施、街道家具、人与建筑的关系及步行活动八个方面。笔者的研究点为创智天地广场空间尺度。

5.1.3　调研方法

1. 文献研究法

通过贺永老师的帮助以及借助图书馆、网络等渠道，小组成员收集、整理并分析相关文献资料，对公共空间调研方法、广场空间研究现状与最新动态，以及创智天地广场基本信息有了一定了解。笔者通过文献研究，构建了城市广场空间尺度的研究框架，获得了可借鉴的指标评价体系。

2. 场地研究法

小组成员通过实地调研了解创智天地广场物质空间构成及周边环境的综合情况，包括对广场物质空间构成要素进行实地测量、对广场使用情况进行综合分析、对使用者活动情况的观察记录等内容。通过实地调研与场地研究，获得了创智天地广场大量一手资料。

5.2　创智天地广场案例信息

上海创智天地园区，位于上海市杨浦区五角场地区，南邻五角场，北靠三门路，东联江湾体育场，西靠上海财经大学，园区规划占地1258亩，由杨浦区政府联合香港瑞安房地产集团建设，在定位上是一个将社区、大学校区、科技园区进行"三区联动"的新型创新知识型社区。创智天地项目包括创智天地广场、创智坊、创智天地创业园和江湾体育中心。创智天地广场是整个创智天地的神经中枢，是典型的下沉式广场，由一期广场与二期广场两部分组成（图5-1）。

图5-1　五角场肌理

5.2.1 区位

创智天地广场北邻政立路,南靠虬江,西邻淞沪路,东连江湾体育场,在城市社区空间中起着承上启下的作用,可以联动周边的各类区域。汇集国内外高科技企业的研发部门、设计创意中心和服务中心的智能化办公楼环绕着大型的下沉式广场,首层和地下一层进驻餐饮、教育等服务机构,广场上还会定期举行多姿多彩的活动,为知识工作者、艺术家、创业者、周边普通居民们营造一个可以广泛交流、迸发灵感又贴近生活的环境(图5-2、图5-4)。[2]

图 5-2 创智天地广场建筑肌理   图 5-3 创智天地广场交通   图 5-4 创智天地广场地块肌理

5.2.2 交通

地上交通方面,创智天地广场北侧和西侧分别是政立路与淞沪路,均设有公交车站点。地下交通发达,地铁 10 号线的站点和淞沪路的地下商业街使得行人更有可能逗留,可以从地铁站和淞沪路另一侧的大学路区域轻易来到创智天地广场,这也是创智天地广场最主要的人流出入口。地铁 10 号线的 11、12、13 出口的连续分布使得创智天地广场的可达性得到很大提高,加强了商业性和社会性作用(图5-3)。

5.2.3 周边环境

创智天地广场北侧是政立路,因店铺拆除,立面封闭,缺乏活力。分布有居民区,但是进出需要绕行,较麻烦,因此对外部吸引力不强,但仍是穿行人流的重要出入口。在车流量较小的政立路上设置了停车场入口以满足创智天地的停车需要(图5-5)。

创智天地广场的南侧是虬江路,多为办公楼,除淞沪路外只有国库路的小桥连接对岸,可达性不强,综合功能配置偏弱,但过江后是地铁 10 号线站点和公交的交通枢纽,因此很多行人在进出时会选择通过创智天地广场南侧(图5-6)。

创智天地广场的西侧是淞沪路,这也是创智天地广场最长最重要的对外部分。地铁 10 号线站点和淞沪路的地下商业街更是方便人们来到创智天地广场。10 号线的 11、12、13 出口的连续分布提高了其可达性,加强了其商业性和社会性作用(图5-7)。

创智天地广场的东侧是江湾体育场，正对体育场的区域设置了大面积的下沉广场和绿化作为主要的活动和通行场所，贯通了淞沪路和江湾体育场之间的视线和交流。东侧的道路有多个入口可进出创智天地广场，同时将外围建筑和绿化作为沿街景观（图5-8）。

图5-5　政立路方向

图5-6　虬江路方向

图5-7　淞沪路方向

图5-8　江湾体育场方向

5.3　空间尺度调研解析

尺度是建筑学的经典概念。尺度一般不是指要素真实尺寸的大小，而是指要素给人感觉上的大小印象和其真实大小之间的关系。笔者所研究的空间尺度，既包括真实的空间要素尺寸，也包括空间要素间的尺度关系。对于城市广场的空间尺度，笔者将其分为宏观尺度、中观尺度与微观尺度三个层面进行调研与分析。

5.3.1　城市广场的宏观尺度

城市广场的宏观尺度是广场设计中涉及最大的尺度层面，广场在城市发展中的角色、在城市空间中的定位，确定了其宏观尺度。广场作为城市的节点，呈现的宏观尺度要素涉及广场的规模、布局、形态、特征等方面。

1. 广场功能级别

（1）广场功能

城市广场按功能性质，可分为市政广场、纪念广场、交通广场、休闲广场、文化广场、商业广场等类型。有的广场可能兼有其中多种功能。创智天地广场为商业及休闲广场，涵盖了餐饮、教育、办公、休闲多种功能，服务于创智天地广场办公人员与周边社区居民。

（2）广场级别

根据城市广场在城市发展和空间结构中的地位，城市广场可以按级别划分为城市级广场、城区级广场和社区级广场。城市级广场是城市中心的重要风貌展示区，为大众共享，通常为大尺度。城区级广场是城市每个区域的公共中心，尺度适中。社区级广场是指服务某一地段或者社区的尺度相对较小、贴近生活化的广场。

创智天地广场的级别为社区级广场，主要服务范围为创智天地广场知识与生活社区。由于邻近杨浦区城市副中心五角场，一定程度上级别要高于普通的社区级广场。

2. 广场规模形态

（1）广场规模

城市广场的规模不仅受所在城市的性质与规模影响，也应与其自身功能与级别相匹配。在单个广场用地规模上，已有文献总结了相关控制指标（表5-1）。[3]

单个广场用地规模控制指标 表 5-1

城市人口规模（万人）		200≥人口≥50	50≥人口≥20	20≥人口≥10
用地规模的推荐值（公顷／个）	城市级广场	8-15	3-10	2-5
	城区级广场	2-10	2-5	—
	社区级广场	1-2	1-2	1-2

分析上表可得，城市的性质与规模主要影响了城市级与城区级广场的规模。而社区级广场的规模则基本维持在1-2公顷最为适宜，不因城市规模扩大而扩大，这是与其服务社区的小尺度定位相匹配的。

经测量计算，创智天地广场用地规模总面积为1.83公顷，与其作为社区级广场的级别定位应有的用地规模相符。

（2）广场形态

城市广场的形态必然是由其自身平面设计、周围实体要素的限定决定的，城市的空间形态也在一定程度上影响着城市广场的形态。城市广场的形态有规则式或对称式的，也有形态活泼的不规则式。

创智天地广场的形态可简化为一期和二期广场这两个矩形规则平面十字相交，而实际上具体形态则因基面下沉、周边建筑的围合形式而曲折变化，呈不规则状（图 5-9、图 5-10）。

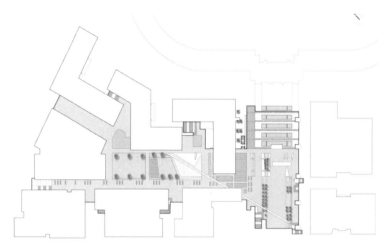

图 5-9　创智天地广场总平面图

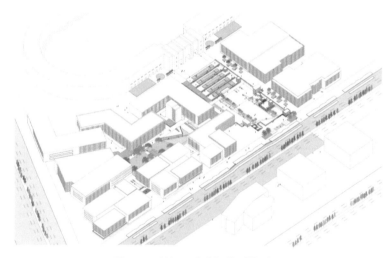

图 5-10　创智天地广场模型轴测图

5.3.2　城市广场的中观尺度

城市广场的中观尺度层面的研究，包括广场基面与广场界面。中观尺度的要素赋予了城市广场整体物质环境特征，与广场使用者建立了直接的视觉感知联系。

1. 广场基面

基面是城市广场最重要的空间要素，指广场所在的地面，通常与邻近城市空间地面标高相近，而随着广场垂直向多样化发展，基面也可以是下沉地面或建筑综合体的屋盖。基面的绝对指标基面尺寸即是广场本身的大小。由于人对广场空间的感知还取决于广场基面的长度和宽度的相互关系，因此在这里需要研究的是城市广场基面的长宽比例问题。

（1）基面尺寸

创智天地广场一期：122.28 米 ×48 米（0.5869 公顷）

创智天地广场二期：133.67 米 ×43.6 米（0.5828 公顷）

（2）基面长宽比

广场基面的长度和宽度的比例关系，即基面长宽比，决定着观察者在广场不同方向的水平视角，进而影响人对广场空间的视觉感知。通过查阅相关文献，获得了两种临界的广场基面长宽比。

① 广场基面长宽比＝ 3：1（比值为 3）

位于短边方向上观察者的水平视角为 20°，广场集中而逼仄。若大于此值，广场的视觉感知将趋近于街道尺度（图 5-11）。

② 广场基面长宽比＝ 5：6（比值为 0.83）

位于长边方向上观察者的视角为 60°，是人眼水平方向的最大视野，广场边界模糊遥远。若小于此值，广场的边围将近于轮廓、难以把握，围合感逐渐消失（图 5-12）。

值得注意的是，当广场基面长宽比为 3：2（比值为 1.5）时，观察者的视角为 40°，此时广场视野适宜（图 5-13）。

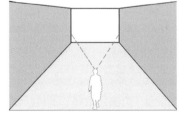 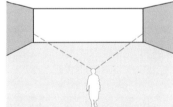 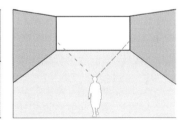

图 5-11　长宽比为 3：1　　　　图 5-12　长宽比为 5：6　　　　图 5-13　长宽比为 3：2

根据广场两轴线走向（东北—西南向、西北—东南向）与项目（一期广场、二期广场）划分，笔者分别测量并计算了创智天地广场的四项基面长宽比（表 5-2、图 5-14～图 5-17）：

创智天地广场基面长宽比统计　　　　　　　　　　　　　　表 5-2

广场基面及方向		基面长宽比值
创智天地广场	东北—西南向	2.5475
	西北—东南向	5.4095
	一期广场	2.5475
	二期广场	3.0658

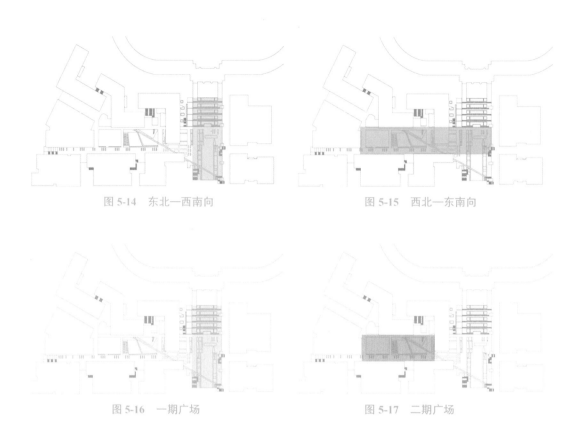

图 5-14　东北—西南向　　　　　　　　图 5-15　西北—东南向

图 5-16　一期广场　　　　　　　　　图 5-17　二期广场

　　分析表中数据可得，创智天地在东北—西南方向基面，以及一期、二期广场分别的基面长宽比值基本位于 0.83-3 的范围内，较为合理。实地体验感受过程中也可清晰把握广场边界与建筑形象。而西北—东南向的基面长宽比值为 5.4095，明显超出了临界值 3，然而在实地体验感受中，由于广场在西北—东南向被分割为二期、过渡和一期广场空间，实际上已经不再作为完整空间感知，所以该比值的消极影响被大大削弱。

　　2. 广场界面

　　城市广场界面又称广场边围，是指围合城市广场的物质要素与形式。边围的形式、高度、细节处理直接影响广场的围合感。

　　（1）界面形式

　　城市广场的边围有建筑、绿化、道路等硬质或软质形式。创智天地广场作为下沉式广场，其主要界面形式为建筑围合。围合广场的第一圈界面为高出广场地坪约 5.3 米的建筑底层高台，采用象牙色小尺寸贴面砖，连续统一且亲切温暖；第二圈界面为建筑，相对于底层高台退后，立面多为玻璃加横竖向分划，高度平均 20 米，与底层高台界面形成鲜明对比。

　　（2）界面高深比

　　广场边围高度与基面深度的比例关系，即界面高深比。前文提到的广场基面长宽比与人的水平视野相关，界面高深比则与人的垂直视野紧密相关。通过查阅相关文献，获得了两种临界的广场界面高深比。[4]

①广场界面高深比＝1 : 1（比值为1）

观察者的垂直视角为45°，只能看到局部边围，有压抑之感。若大于此值，广场将趋近于边围的附庸，丧失主角感知地位（图5-18）。

②广场界面高深比＝1 : 6（比值为0.17）

观察者的视角为9°，视野中的边围退为轮廓被人所感知，广场极度开阔。若小于此值，广场的围合感逐步消失（图5-19）。

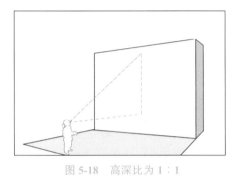 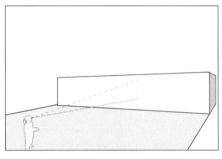

图 5-18　高深比为 1 : 1　　　　　　　　　图 5-19　高深比为 1 : 6

根据广场项目（一期广场、二期广场）划分，笔者分别测量并计算了创智天地广场的界面高深比（表5-3）。

创智天地广场界面高深比统计　　　　　　　　　　　　　　表 5-3

广场界面		界面高深比值
创智天地广场	一期广场	0.1104
		0.4167
	二期广场	0.4651

对于创智天地一期广场，笔者计算得出了两项比值。由于一期广场中，第二圈边围即高台上的高层建筑相距第一圈边围即底层高台的后退距离较大，所以当观察者位于下沉广场平面时，会出现分别感知到两种界面高深的情况，故0.1104代表高台与基面深度之比，体现了高台的弱围合感，而0.4167代表其上的建筑与基面深度之比，限定了广场天际线，围合感适中。而二期广场中，建筑基本沿高台边缘耸起，故比值仅一项，为0.4651，围合感适中。

5.3.3　城市广场的微观尺度

城市广场的微观尺度，是直接关系到人的活动体验与感知的层面。从要素功能划分，微观尺度的要素包括景观设施与服务设施。同时，在微观尺度上，广场整体空间也是由许多亚空间组成的。因此，对创智天地广场的微观尺度调研与分析可从景观设施与亚空间的塑造两个角度入手。

1. 景观设施

城市广场的景观设施分为硬质景观和软质景观。硬质景观包括铺地、照明与公共艺术品等，软质景观则包括绿化与水景。对于创智天地广场，在微观尺度上突出研究点为硬质铺地与植物绿化。

（1）硬质铺地

铺地是城市广场景观的基层，铺装本身的尺寸大小、色彩和质感的变化可反映不同的空间特征与性格，起到划分空间、调节空间整体尺度的作用。

创智天地广场的主要硬质铺装为 70 厘米 ×50 厘米与 35 厘米 ×25 厘米的暗白色面砖交错排列，定义了大面积的广场活动空间。而其中 10 厘米 ×10 厘米的深灰色小石材密铺成路，清晰划定了广场中的道路交通空间（图 5-20）。

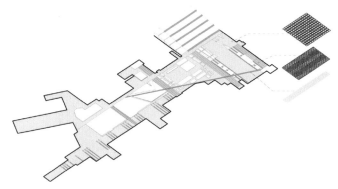

图 5-20　硬质铺地图

（2）植物绿化

植物绿化可以划分广场内外空间，即充当广场边围。植物绿化还可以划分广场内部空间，形成不同层次的活动场所。创智天地广场中的植物绿化主要作为软质景观，起到界定内部空间的作用（图 5-21）。

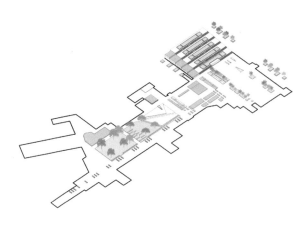

图 5-21　植物绿化图

（3）绿化类型

按照绿化类型，从乔木、灌木和草坪三个方面研究植物绿化的尺度问题。

① 乔木空间

创智天地广场中，大乔木栽种于草坪中，发挥遮阴功效，两侧设置青石台座椅，限定了以休闲交谈为主的静态空间。中小乔木或与草坪结合，或单独盆栽，作为观赏主景和点缀之用，在空间上限定效果较弱。

② 灌木空间

灌木的植株多处于人们的正常视域内，本身尺度较亲切。而创智天地的灌木多分布于广场边缘空间或交通空间中，有快速通过的感知暗示，以一期广场与二期广场之间的过渡空间为例，此处集中分布了多块规整灌木坪，仅留较窄的通路。

③ 草坪空间

创智天地广场中，小面积草坪分散布置，与乔木配合，起点景作用；中面积草坪分布于一期广场下沉台阶上，是该空间充满活力的重要原因；大面积草坪位于二期广场，由于尺度大且不能进入，空间氛围沉寂。

（4）绿化比例

城市广场的绿化面积比例以及其他用地构成比例是微观尺度研究的重要指标。查阅已有文献可得到城市广场用地构成指标（表 5-4）。[5]

城市广场用地构成指标				表 5-4
广场用地规模（公顷）	铺装场地（%）	绿化用地（%）	通道（%）	附属建筑用地（%）
≤ 3	40-60	35-55	2-4	1-2
3-6	35-55	40-60	2-4	1-2
≥ 6	30-50	45-65	2-4	1-2

作为商业与休闲广场，创智天地广场主要供市民日常生活与游憩，一般没有基于功能的特殊景观和硬质铺装使用要求。笔者测量计算得到创智天地广场的绿化面积为 0.439 公顷，绿化率仅有 24%。

2. 亚空间

广场主体空间的中衍生并划分出的众多无形或有形的小空间，即广场的亚空间。地面起伏、城市家具、铺装变化、绿地景观等都有助于广场亚空间的形成。亚空间设计要服从于广场的整体性，其尺度划分应该介于私人与公共感之间，清楚而微妙，使人们找到适宜自己的归属地。创智天地广场作为日常生活型广场，塑造了许多亚空间以鼓励市民使用，根据形成的亚空间性格（即其使用者的活动特征）不同，笔者挑选了创智天地广场中三种亚空间加以分析。

（1）核心亚空间

一期广场的下沉大台阶与其下座椅空间，是广场社交活动的舞台。四周建筑后退较大，仅有高台围合，有开阔之感；中心为大台阶上规律分布的可进入草坪，小尺度乔木与座椅巧妙结合，相对沉闷的灌木坪退居一侧；人群活动丰富，或在大台阶上利用草坪遛狗、交谈，或在乔木座椅旁享受荫凉，或通过大台阶穿行（图5-22）。

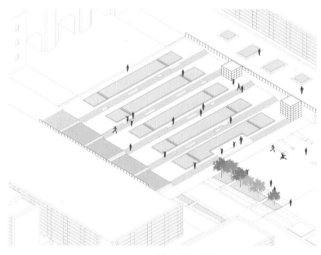

图 5-22　核心亚空间

（2）动线亚空间

一期、二期广场间的曲折连接空间，是整个广场中最沉闷的部分。悬挑的办公楼强烈限定了这一区域，创造了大片阴影，有压抑之感；分散成块的灌木坪界定了许多条可能的穿行道路；人群或沿斜向道路穿行，或自由穿行于灌木坪之间，很少停留（图5-23）。

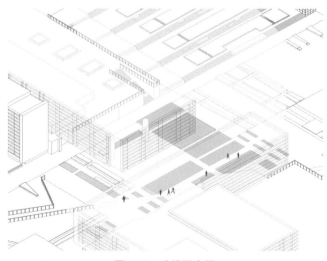

图 5-23　动线亚空间

（3）静态亚空间

二期广场的大草坪空间，是与生俱来的安静交谈场所。四周的 IT 办公楼围合感较强，高深比较高，空间氛围安静；连续大面积不可进入的草坪将广场分割成两条长街道尺度；人群可进入的区域为狭长的草坪边缘座椅空间，人群活动为静坐交谈（图 5-24）。

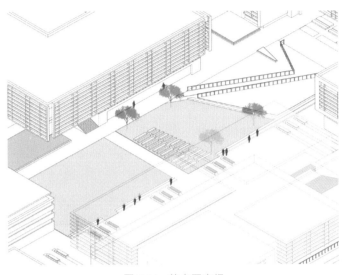

图 5-24　静态亚空间

5.4　讨论

随着城市化发展，城市公共空间的建设越发引起相关部门与公众的关注。本调研报告即是在这一大背景下对当今中国上海城市公共空间的调研与解析。首先，报告介绍了本次城市公共空间调研的总体情况。其次，报告从区位、周边环境、交通等方面针对创智天地广场案例进行了基本信息的分析。最后，作为报告的主体，笔者尝试从宏观、中观、微观三个层面对创智天地广场空间尺度进行了分析。经分析总结，创智天地广场的空间尺度设计比较合理，是城市广场从大尺度的政治性广场向小尺度的生活性广场转变的成功案例。

对于创智天地广场在空间尺度方面存在的问题及改进建议，笔者主要聚焦于微观尺度层面。前文分析创智天地广场塑造了不同性格的亚空间，而其中最为活力的核心亚空间偏重分布于一期广场，笔者建议局部改善二期广场亚空间和过渡空间，避免广场今后局部空间的不均衡发展。

5.5　结语

通过本次调研活动，小组 8 位同学分工协作，共同完成了对创智天地广场的资料收集、实地调研、图纸绘制和报告撰写，不仅提高了学习本领，更对城市空间有了进一步的认识与见解。在今后的城乡调研中，同学们仍要努力实现兼顾建筑与城市、物质形态与社会内容、主观判断与理性分析。

参考文献

［1］李季. 基于人性化要素的城市广场尺度设计研究［D］. 合肥工业大学，2012.

［2］乔东华，陈建邦. 营造创智天地［J］. 时代建筑，2009，（2）：77-79.

［3］张军民，崔东旭，阎整. 城市广场规划控制指标［J］. 城市问题，2003，（5）：23-28.

［4］徐磊青，刘宁，孙澄宇. 广场尺度与空间品质——广场面积、高宽比与空间偏好和意象关系的虚拟研究［J］. 建筑学报，2012（02）：74-78.

［5］徐磊青，言语. 公共空间的公共性评估模型评述［J］. 新建筑，2016（01）：4-9.

教师点评

　　管毅同学负责创智天地广场空间尺度的研究，在调研之前，先阅读了大量文献，构建自己的研究框架。最终从空间尺度的宏观、中观、微观三个层面进行研究。为了更直观地表达观点，自己着手完成了创智天地广场整个案例的 Sketchup 模型，让报告的表达更为直观清晰。通过宏观、中观、微观三个层面的分析，总结了公共空间设计合理的尺度类型。

　　这是一份优秀的调研报告，报告的框架完整，逻辑清晰，格式规范，问题的分析有深度，结论明确。

城市公共空间调研解析 5-1

城乡规划一班　管毅　1650403　指导老师　贺永

创智天地广场基本信息调研

为了对城市公共空间有直观的认知，调研小组对上海市杨浦区创智天地广场进行了实地调研。本图纸作者的关注点为城市广场空间尺度，通过从宏观、中观、微观三个层面进行研究分析，总结出创智天地广场的空间尺度设计较为合理，是中国城市广场从大尺度转变为日常生活广场的成功案例。

创智天地广场基本信息

创智天地园区，位于上海市杨浦区五角场地区，园区规划占地1258亩，在定位上是一个将社区、大学校区、科技园区进行"三区联动"的新型创新知识型社区，创智天地项目包括创智天地广场、创智坊、创智天地创业园与江湾体育中心。创智天地广场是整个创智天地的神经中枢。

创智天地广场基本信息

创智天地广场是典型的下沉式广场，由一期广场与二期广场组成，在城市社区空间中起着承上启下的作用，可以联结联动周围的各类区域。汇集高科技企业的智能化办公楼环绕着大型的下沉式广场，首层和地下一层进驻餐饮教育等服务，为知识工作者、艺术家、创业者、周边普通居民们服务。

创智天地广场周边环境

广场的北侧是政府，因店铺拆除，立面封闭，缺乏活力，分布有居民区，是穿行人流的重要出入口，车流量较小，但设置了停车场出入口以满足创智天地的停车需要。

广场的南侧是虹江，分布多为办公楼，除淞沪路外只有国库路的小桥连接对岸，可达性不强，综合功能配置偏弱，但过江后是地铁10号线站点和公交的交通枢纽，因此很多行人在进出时会选择通过创智天地广场南侧。

广场的西侧是淞沪路，是创智天地最长最重要的对外部分。10号线的11、12、13出口连续分布，地下商业街使得行人更可能逗留，因此可以从地铁站和淞沪路另一侧的大学路区域轻易来到创智天地。

广场的东侧是江湾体育场，正对体育场的区域设置了大面积的下沉广场和绿化作为主要的活动和通行场所，贯通了淞沪路和江湾体育场之间的视线和交流。

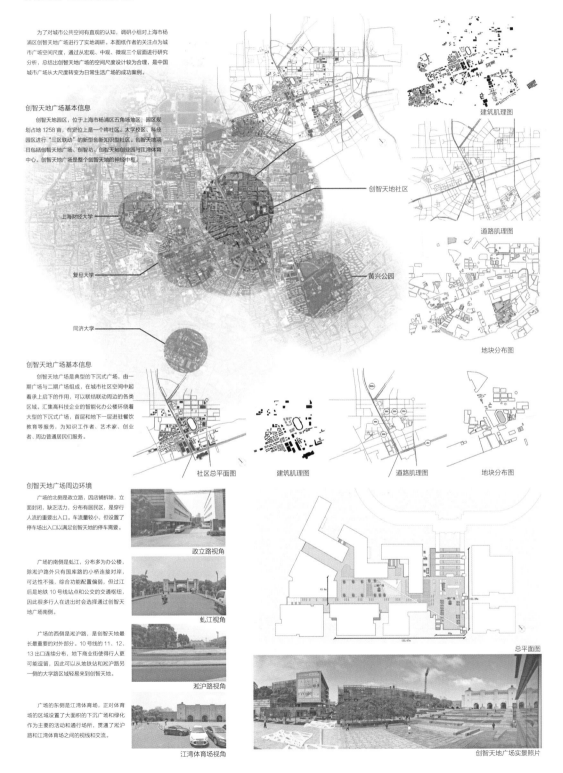

建筑肌理图

道路肌理图

地块分布图

创智天地社区

上海财经大学

复旦大学

黄兴公园

同济大学

社区总平面图

建筑肌理图

道路肌理图

地块分布图

政立路视角

虹江视角

淞沪路视角

江湾体育场视角

总平面图

创智天地广场实景照片

城市公共空间调研解析 5-2

城乡规划一班　管毅　1650403　指导老师　贺永

创智天地广场空间尺度解析

城市广场尺度之宏观尺度

广场功能级别

创智天地广场为商业与休闲广场，涵盖了餐饮、教育、办公、休闲多种功能，服务于创智天地办公人员与周边社区居民。

创智天地广场的级别为社区级广场，主要服务范围为创智天地知识与生活社区。

广场形态规模

形态可简化为一、二期广场两矩形规则平面十字相交，而实际上具体形态则由于基面下沉、周边建筑的围合形式而曲折变化，呈不规则状。

城市人口规模（万人）	200≥人口≥50	50≥人口≥20	20≥人口
用地规模的推荐值（公顷/个） 城市级广场	8～15	3～10	2～5
城区级广场	2～10	2～5	—
社区级广场	1～2	1～2	1～2

创智天地广场用地规模总面积为1.83公顷，与其作为社区级广场的级别定位应有的用地规模相符。

城市广场尺度之中观尺度

广场基面

基面长宽比

广场基面长宽比＝3∶1（比值为3）观察者视角为20°，广场集中雨遮庇

广场基面长宽比＝5∶6（比值为0.83）观察者视角为60°，广场界限隔遮返远

广场基面长宽比＝3∶2（比值为1.5）观察者视角为40°，视野舒适，空间效果最好

西北一东南向的基面长宽比值为5.4095，明显超出了临界值3，然而由于广场在西北一东南向被分割为二期、过渡与一期广场空间，实际上已经不再作为完整空间感知，所以该比值的消极影响被大大削弱。

广场界面

界面高深比

广场界面高深比＝1∶1（比值为1）观察者视角为45°，只能看到局部立面，有压迫之感

广场界面高深比＝1∶6（比值为0.17）观察者视角为0°，边围录为轮廓感知，广场极其开阔

界面形式

围合广场的第一圈界面为高出广场地平约5.3米的建筑或配高台，采用像素化小尺寸贴面单元，显得生动亲切活泼；第二圈界面多为建筑，相对于底层高台较为后退，立面多为玻璃加横带竖向分割，高度平均20米。

一期广场中，高台上的高层建筑相距底层高台的后退距离较大，所以会出现分感较知到两种界面高深比情况，故0.1104代表高台与基面深度之比，体现了高的弱围合感，而0.4167代表其上的建筑与基面深度之比，限定了广场天际线，围合感适中。

二期广场中，建筑基本沿高台边缘建设，放比值仅为0.4651，围合感适中。

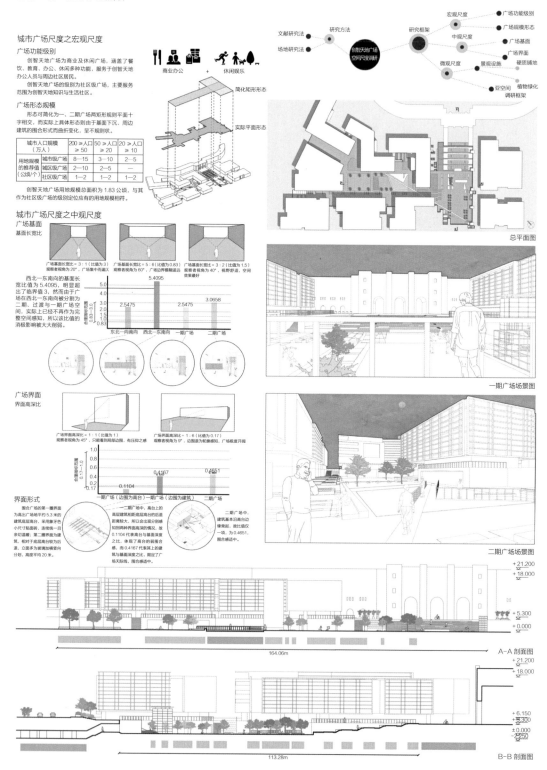

文献研究法／场地研究法 → 研究方法 → 研究框架

宏观尺度 ● 广场功能级别／● 广场规模形态

中观尺度 ● 广场基面／● 广场界面／● 硬质铺地

微观尺度 ● 景观设施／● 亚空间／● 植物绿化

创智天地广场空间尺度调研 — 调研框架

商业办公 ＋ 休闲娱乐

简化矩形形态 / 实际平面形态

总平面图

一期广场场景图

二期广场场景图

+21.200
+18.000
+5.300
+0.000

A-A 剖面图

164.06m

+21.200
+18.000
+6.150
+5.300
±0.000
-2.250

B-B 剖面图

113.28m

城市公共空间调研解析 5-3

城乡规划一班　管毅　1650403　指导老师　贺永

创智天地广场空间尺度解析

城市广场尺度之微观尺度

景观设施

城市广场的景观设施皆为硬质景观和软质景观。硬质景观包括铺装、照明与公共艺术品等，软质景观则性括绿化与水景。对于创智天地广场，在微观尺度上突出研究点为硬质铺地与植物绿化。

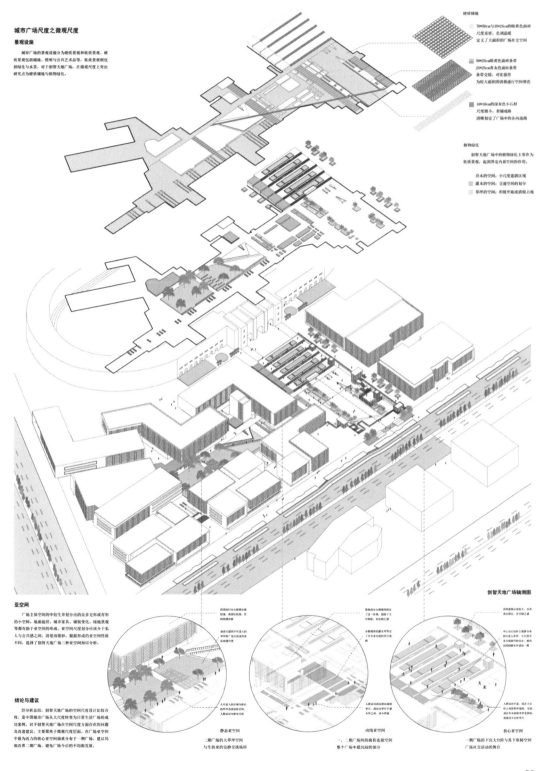

硬质铺地

■ 70*50cm与35*25cm的米黄色面砖
尺度差异，色调适应
定义了大面积的广场社交空间

■ 50*25cm的黄色面砖的条带
25*25cm青灰色面砖的条带
条带交错，对比强烈
为较大面积的消极通行空间增色

■ 10*10cm的深灰色小石材
尺度概小，密铺成路
清晰划定了广场中的各向道路

植物绿化

创智天地广场中的植物绿化主要作为软质景观，起到界定外部空间的作用。

■ 乔木的空间：小尺度遮荫区域
■ 灌木的空间：交通遮荫的划分
■ 草坪的空间：积极开敞或消极占地

创智天地广场轴测图

亚空间

广场主体空间的中和生生异轻分出的众多无形或有形的小空间，地势起伏、铺装变化、绿地景观等都由于亚空间的形成。亚空间尺度宜细分介于私人与公共层面。顺据面微的亚空间性格不同，选择了创智天地广场三种亚空间加以分析。

结论与建议

经分析总结，创智天地广场的空间尺度设计比较合理，是中国城市广场从大尺度转变为日常生活广场的成功案例。对于创智天地广场在空间尺度方面存在的问题及改建建议，主要聚焦于微观尺度层面。在广场亚空间中最为活力的核心亚空间偏重分布于一期广场，建议局部改善二期广场，避免广场今后的不均衡发展。

静态亚空间

二期广场的大草坪空间
与生伐来的安静交谈场所

动态亚空间

一、二期广场间的曲折连接空间
整个广场中最沉闷的部分

核心亚空间

一期广场的下沉大台阶与其下座椅空间
广场社交活动的舞台

6 公共服务设施研究

——"城市公共空间调研与解析"调研报告

徐施鸣

【摘　要】本报告介绍了就创智天地广场一期和二期进行的城市公共空间的调研成果，着重解读了广场基础设施和公共服务设施的分布与使用情况，进行了定量与定性的分析比较，并就这两方面提出了改进意见。

【关键词】城市公共空间；街道小品；公共服务设施

Abstract：This paper described the result of the survey on city public area based on the site of KIC plaza, focused on the distribution and the usage of infrastructure and public service facilities, analyzed the data in both quantitative and qualitative way and came up with some suggestions.

Keywords：City public area; Infrastructure; Public service facilities

6.1 引言

6.1.1 城市公共空间调研目的

通过对城市公共开放空间调研，可以掌握相应的空间调研与社会调查方法（例如实地数据测量、跟踪分析、现场访谈等），掌握相关资料（例如城市居住区设计规范、活动品质与建成环境的关系、广场尺度与空间品质的关系等）以及数据整理分析的方法。

在解读分析数据、完成设计图纸和提出改进建议构想的同时可以实现：① 从建筑向城市认知的转变，增强对区位的认识和分析，包括基地周边环境、城市演变和城市文脉。② 从物质形态向社会维度的转变，增加对社会性内容的关注。③ 从二维平面向三维空间的转变，理解运用三维空间的分析方法。

6.1.2 案例选取

本次调研选取的案例是位于上海市杨浦区五角场的核心位置，毗邻五角场商圈及江湾体育场，位于中环线及轨道交通 10 号线构成的交通枢纽——创智天地广场一期和二期。创智天地园区作为一个以"硅谷"为原型打造的创业园区，由创智坊、江湾体育场、创智天地广场、创智天地科技园四个部分组成，汇集了休闲娱乐、商务办公、住宅、体育、零售等功能。

创智天地广场的主要功能是商务办公和商业服务设施。就目前情况来看是一个比较成熟且成功的城市公共活动空间。智能化办公楼汇集着国内外高科技企业的研发部门、设计创意中心和服务中心，底层为各类餐饮服务。办公室围绕着一座下沉式广场，除了满足通勤需要外，这座广场是一个非常好的公共活动空间，吸引了大量人流在此停留、活动，为其他城市公共空间的设计提供了很好的参考意见。

全组 8 名成员将从区位、交通流线、空间尺度、公共服务设施、街道家具、建筑与功能类型、步行活动、人流活动等 8 个方面对创智天地广场做一个全面的调研。本报告将着重从公共服务设施的角度对创智天地做一个详细的描述，分析其优缺点并提出改进意见。

6.1.3 文献综述

调研所需的背景信息主要参考了乔东华的"营造'创智天地'"和万科创智天地考察报告，了解其区位信息、项目背景和定位目标。在主要指标上参考了《城市居住区规划设计规范》GB 50180—93（2016 版）中的公共服务设施指标，进行对比分析。在研究方法和成果表达上参考了李晴的"具有社会凝聚力导向的住区公共空间特性研究——以上海创智坊和曹杨一村为例"，利用散点分布图、图表分析图等方式来表现调研数据。

6.1.4 研究方法

调研采用了实地数据测量、规定时间内样本统计、观察分析等调查方法。采用散点分布图、平面图、剖面图、实地照片等形式来表现测量数据与现场情况。通过分析图和图标等对数据进行比较分析。

6.2 创智天地广场

6.2.1 基本情况

从区位来看，创智天地园区位于江湾—五角场区域，是上海四大副中心之一。它的地理位置处于黄浦江下游，与上海中心城区西南部的徐家汇相呼应。在其周围环绕着复旦大学、同济大学、上海财经大学、第二军医大学等多所高校，北侧新江湾城是新一代"国际社区"，南侧是五角场商业中心，因此创智天地园区的定位是以教育、科技、文化、研发和创业为基础，能培养和留住知识型工作者的知识性新社区。创智天地广场作为创智天地园区的一组成部分，北临政立路，有大量住宅小区；西靠淞沪路和大学路，车流、人流密集；东临江湾体育场；南侧是一条小河道，与五角场相呼应（图 6-1）。

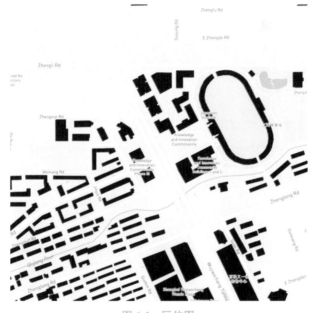

图 6-1　区位图

就交通情况而言，创智天地广场起着一个交通枢纽的作用，轨交 10 号线每天带来大量的通勤人口，涌入周边办公楼工作；大量居民也会从各个出入口进入广场区域活动或选择近路回家，其中通行人数最多的是淞沪路至政立路进出口这一路线。消防车和私家车比较常用的通道是江湾体育场前的江湾环廊和设有停车场入口的政立路。

从空间尺度方面来看，创智天地广场是中小型的社区级广场，主要功能是商业广场＋休闲娱乐广场，广场较不规则，可简化为两个矩形，面积都在 6000 平方米左右。根据基面长宽比和边围高深比数据的测量，可以得到结论：一期广场边围清晰、视野舒适，空间感知较为开放；二期广场则对象集中，有狭长感，令人感到压抑。

在街道家具方面主要调查了座椅的分布、材质、尺寸，结合环境尺度、光照风向等因素与人的活动情况进行分析，并得出了以下几个结论：① 街道家具分布与逗留性活动分布密切相关；② 逗留性活动的发生与外部活动密切相关；③ 视野开阔的街道家具使用率更高；④ 处于开阔场地边缘有植被庇护的街道家具更受到青睐；⑤ 艺术性街道家具的创造性使用能增加活力；⑥ 辅助座位在使用者较少时能发挥良好作用。

创智天地广场一期、二期的建筑层高都在 3-5 层，单层面积在 1500-2000 平方米，总建筑面积约为 10 万平方米，建筑密度较低。开发时以智能化办公、学习中心和会展设施为主要目标。其功能类型的分布也相对符合定位。主要的功能类型有餐饮、教育、银行、其他商业设施以及商务办公。前四种不同功能的面积之比为 1：2：1.5：2，店铺数量之比为 4：4：2：3，剩余超过 70% 的面积都作为办公商铺出租。

通过对人流活动分析可以了解到创智天地广场的主要人流来源是由地铁带来的商务办公人员和周边住宅区的居民。商务办公人员主要以通勤为主，较少停留；休闲娱乐的居民则主要在一期广场活动，主要活动是驻足闲聊和陪伴小孩子玩耍。

6.2.2 公共服务设施

针对公共服务设施，本次调研首先调查了部分街道小品。主要统计了各种楼梯类型并结合人的使用方式和使用频率进行分析。统计创智天地广场自动扶梯、电梯、残疾人坡道等无障碍设施的分布情况，观察分析创智天地广场吸烟点的分布及使用情况，对以上数据做定性分析。

在公共服务设施的功能分布方面，调研了教育、医疗卫生、文体、商业服务（含餐饮）、社区服务、金融邮电（含银行）、市政公用（主要指市民存车处）等 7 个不同类别。计算不同类别设施的数量和占地面积，在 7 个类别中进行横向比较，与设计规范指标进行横向比较，对数据做定量分析。

分析整理数据后，得出相应结论，并针对公共服务设施对创智天地广场提出改进意见。具体的数据分析、结论和改进意见将在下文中呈现。

6.3 公共服务设施

6.3.1 定义

公共服务设施是由公共服务和设施这两个词语构成的合成词。公共服务，是 21 世纪公共行政和政府改革的核心理念，包括加强城乡公共设施建设，发展教育、科技、文化、卫生、体育等公共事业，为社会公众参与社会经济、政治、文化活动等提供保障。公共设施是指为市民提供公共服务产品的各种公共性、服务性设施，按照具体的项目特点可分为教育、医疗卫生、文化娱乐、交通、体育、社会福利与保障、行政管理与社区服务、邮政电信和商业金融服务等。

此次调研在以上分类的基础上，增加了部分街道小品的调研，例如自动扶梯、电梯、残疾人坡道、盲道、吸烟点等。这些小品也将作为设施的一部分进行分布、使用情况的分析。

6.3.2　各类小品

1. 各类型楼梯分布和使用情况

从图 6-2 所示的楼梯分布图中可以看到，创智天地广场的主要楼梯类型有 4 种。第一种是封闭形楼梯间，仅在靠近南侧分布有一处。楼梯宽度约为 2.1 米，是一个普通的三跑楼梯。第二种是大台阶式楼梯，主要是位于江湾体育场前和二期广场中央。以江湾体育场前大台阶为例，此类楼梯的特点是连续踏步少，每 6 级台阶就会有宽阔的平台和大片绿地，在楼梯处也会随机设置座椅，楼梯的宽度在 40 米左右。第三种是露天的公共楼梯，这是创智天地广场中分布最多的，共有 8 处，较为平均的分布在下沉式广场周围，是联系下沉式广场和地面的主要通道。此类楼梯通常配有观景平台，转折较多，周围有绿化点缀。第四种是通往地下通道的楼梯，在南侧和西侧各有一个，楼梯级数较多，全部位于地下。

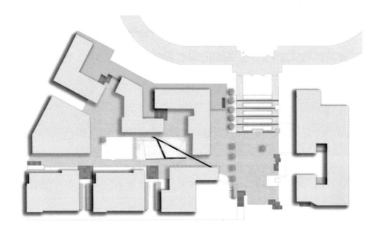

图 6-2　各类型楼梯分布图

就使用情况而言，第一类楼梯使用的人数较少，在 15 分钟内仅两人使用，多为步履匆匆的通勤者。第二类楼梯使用的人数非常多，活动方式也十分丰富。其中，通勤人数约占 25%，45% 的人在此驻足交谈或坐下休憩，剩余约 30% 是小孩在此玩耍或居民遛狗、锻炼等。第三类楼梯非常受到通勤者和周边居民的欢迎，上班族通常通过楼梯从下沉式广场前往办公楼，周边居民则通过楼梯从地面来到广场停留、活动。少部分人会在此类楼梯平台上坐下休息。第四类通往地下通道的楼梯的使用人数是最多的，尤其是靠近西侧的地下入口，由于轨道交通 10 号线和地下商业餐饮街的原因，通勤的人络绎不绝（图 6-3）。

通过调查发现，创智天地广场的公共楼梯能够很好地满足人们的通勤需要，楼梯宽敞并都配有扶手，考虑周全，能够很好地联系广场层和地面层。大台阶式的楼梯是广场最重要的公共活动空间之一，楼梯上绿化、座椅和平台的设置为人们提供了丰富的活动的可能性，吸引了大量人流

驻足，发生社会性活动。在管理维护方面，有人会定期修剪草坪进行维护，楼梯上没有发现随意
丢弃的垃圾。（图 6-4～图 6-7）

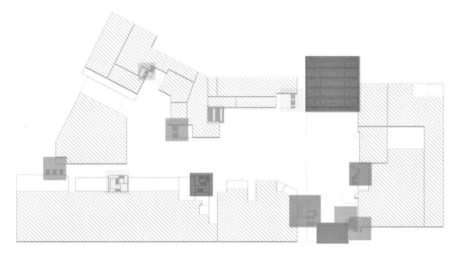

图 6-3 各楼梯使用人数分布图

图 6-4 封闭形楼梯间

图 6-5 大台阶式楼梯

图 6-6 露天的公共楼梯

图 6-7 通往地下通道的楼梯

2. 自动扶梯、电梯及无障碍坡道分布

从图 6-8 的无障碍设施分布图中我们可以看到，创智天地广场严重缺乏无障碍设施。仅在靠近西侧有双向自动扶梯，且根据实地调查发现它一直未处于运作状态。在南侧有唯一一座无障碍电梯，可以沟通地面层、广场层和地下车库（图 6-9）。但由于这部电梯实际上是设置在迪卡侬商场内部的，所以它的公共性非常差。但由于缺乏无障碍电梯，这座电梯的使用人数非常多，需要等候的时间较长。在靠近政立路一侧，有唯一一条沟通地面层和广场层的坡道。这条坡道设置的本意并非无障碍坡道，而是在车库入口坡道旁开辟出的非机动车道与行人坡道。由于没有护栏，汽车就在一旁呼啸而过，十分危险。一些行驶速度较快的摩托车也会在这个坡道上行驶，但依然有很多推着婴儿车的居民在无奈之下选择这条路线。店铺前的坡道设置主要分布在西侧和南侧零星的店铺前。除迪卡侬店前有大片坡道外，其余坡道都较为狭小，有部分坡道还遭遇阻挡（图 6-10）。本次调研还着重调查了创智天地广场的盲道分布情况，但可惜的是在整个区域都没有发现盲道设施。

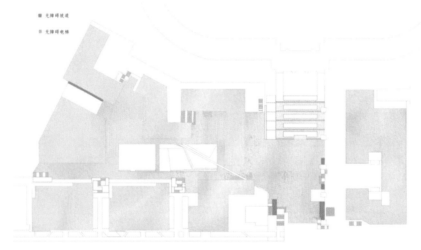

图 6-8　无障碍设施分布图

图 6-9　自动扶梯

图 6-10　坡道

相比十分完善的楼梯设施，创智天地广场的无障碍设施有待加强。尽管创智天地园区的定位是教育、科技、文化、研发和创业为基础，能培养和留住知识型工作者的知识性新社区，以智能化办公和会展中心为主要功能，对于无障碍设施的需求不是很大。但由于周边居民区的存在，创智天地广场已经逐渐成为适合休闲活动的社区级广场。在这种情况下，不能再拘泥于原先的定位，而是根据现实情况将创智天地广场定义为商业＋休闲广场，那类似于无障碍坡道和电梯的增加是十分有必要的。无障碍设施的增加有助于行动不便的老人和推婴儿车的居民能顺利达到广场层，这样可以进一步提高创智天地广场的人气，使更多人驻足，发生社会性活动。

3. 吸烟点分布

调研发现创智天地广场有大量吸烟点的分布。除了四处明确贴有标牌的吸烟点外，还有 20 处垃圾桶都配有烟灰缸。这些吸烟点散布在广场层和地面层，一期广场上有 3 处，各个楼梯、坡道入口有 8 处，有 9 处分布在办公楼周围。分布在楼梯边的吸烟点使用人数较少，但分布在办公楼边的吸烟点的使用频率非常高（图 6-11）。经常可以看到有三五成群的上班族聚集在吸烟点周围，烟灰缸里烟头满满。一期广场上靠近北侧的两个垃圾桶上没有发现烟头，但靠近迪卡侬店一侧的吸烟点周围则有人聚集吸烟（图 6-12）。

 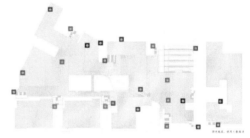

图 6-11 吸烟点分布图   图 6-12 吸烟点使用情况

由于上班族众多，工作压力大等原因，设立吸烟点是有必要的（图 6-13）。但创智天地广场的吸烟点相对来说过于密集了且均布于办公室周围，这样高密度与"贴心"的设置反而在一定程度上鼓励了上班族吸烟，因此经常可以看到一群群的上班族聚在一起吸烟。这种现象出现的频率远超其他商业广场或办公楼。同时，在一期广场上有大量儿童玩耍、居民休憩，我认为在这样的广场上设置吸烟点是不合理的。尤其是迪卡侬前的吸烟点，周围全是大量通过的人流，在这里聚集吸烟会造成十分恶劣的影响。在烟头的清理上也不尽如人意，不少烟灰缸内都残留着 8 只以上的烟头，残余烟味也十分严重；一些清理过的烟灰缸虽然没有烟头，但白砂内存在大量黄色烟灰，影响美观整洁（图 6-14）。

创智天地广场大量设置吸烟点的方法一定程度上缓解了在公众场合随处吸烟、胡乱丢弃烟头的现象，但也相应地导致了大批烟民聚集，将非法在公众场合吸烟变成了合法吸烟。我认为广场上的垃圾桶应该全部换成普通的垃圾桶，杜绝广场上吸烟现象，分布在楼梯口的吸烟点也可适当减少。在烟灰日常的清理上，希望能够增加清理频率与工作质量，确保不会残留异味。

图 6-13　吸烟点　　　　　　　　　　图 6-14　带烟灰缸的垃圾桶

6.3.3　功能类型分布

本次调研的功能类型包括教育（主要指教育培训机构）、医疗卫生、文体、商业服务（含餐饮、购物、便利店等）、社区服务、金融邮电（含银行）、市政公用（主要指市民存车处）等6个不同类别。其中居民存车处的情况将以单独的形式展现。

1. 广场层功能类型分布

在广场层主要分布有商业服务（购物、餐饮、便利店）、教育和社区服务（图6-15）。社区服务包含一个党建群建基层服务站和一个警务室。教育主要指5家针对少儿的教育培训机构。商业服务设施包括了迪卡侬这一大型商场、1家全家便利店和8家餐饮服务。文体方面在靠近迪卡侬店处有一个150平方米左右的篮球场，是创智天地广场唯一的文体设施。在一期广场的主要商业服务是迪卡侬店、便利店、饮品店和咖啡店，适合短暂休息，吸引大量在此活动的社区居民以及从地铁站来的人流。而在二期广场周边分布较多是简餐、饮食店，主要吸引周边的办公人群前来用餐。这样的排布就功能上来说比较合理，但也导致了一期广场长期人气较旺，而二期广场在非就餐时间内相对冷清。

2. 地面层功能类型分布

地面层的功能分布有商业服务（主要是餐饮）、金融邮电和卫生医疗（图6-16）。商业服务主要是一家便利店、10家餐饮和迪卡侬店的外延部分。金融邮电包括浦发银行、兴业银行、中国银行3家银行。卫生医疗是指两家诊所。地面层的功能分区十分明确，餐饮主要分布在南侧，面向广场，吸引广场上的人群；3家银行并列排在西侧，面向流量较大淞沪路的，可直接沿街进入办理业务；在靠近西北侧则是两家相邻的诊所，离居民区的距离较近；其余部分是会展中心和商务办公区域未被纳入统计。这样明确有指向性的分区方式提高了办事效率，使管理维护变得更加便捷。但同样的，这将整个创智天地广场分割成了不同的部分，相互之间联系不够紧密。可以很明显地看到南侧更偏向于社区休闲，北侧则商业气息更为浓重。

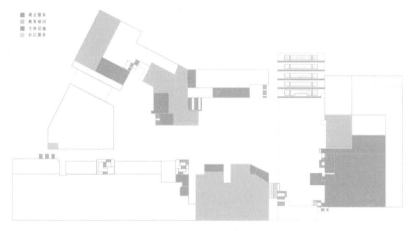

图 6-15　广场层功能类型分布图

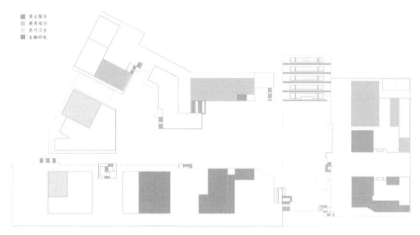

图 6-16　地面层功能类型分布图

6.3.4　居民存车处分布情况

如图6-17所示，创智天地广场共有两处地下停车库。第一个停车库位于1号和2号楼下，在楼的东南角有入口坡道，面积约为10000平方米。第二个停车库位于7号楼下，在靠近政立路一侧有下行坡道，面积约为5200平方米，两个停车场有通道连通，总共可以提供约800个车位，完全可以满足目前的停车需求。1号和2号楼下停车库由于迪卡侬店的影响有较多往来车辆，而7号楼下停车场则有不少车位处于闲置状态。在调查过程中，我们发现两个停车场以一条通道相连。

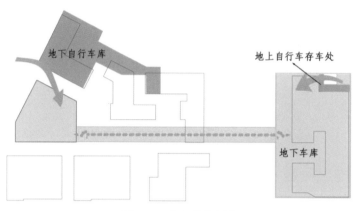

图6-17　存车处分布图

在2号楼东南角处，紧邻机动车坡道的地方有一处自行车停放点，面积约为240平方米，可以停放约100辆自行车，有很多车辆在此停放。在6号楼下方有一处地下非机动车车库，面积非常大，约有4500平方米，几乎和地下车库的面积相当。但这个车库相对比较冷清，只有零散的几辆共享单车停放。此车库利用率较低的原因是需要骑车来此的人较少，周边马路上也要很多的自行车停放点，对于大型地下自行车库停放点的需求不大。两个自行车停放点共计可提供车位2000个，远远超于需求量。

6.3.5　指标与数据分析

在广场层，商业服务、教育、文体和社区服务这4种功能店铺数量之比为12:5:1:2，占地面积之比为46:52:1:1。地面层商业服务、金融邮电、卫生医疗、教育4种功能数量之比为5:2:3:5，占地面积之比为19:13:30:3。从整体来看，教育、医疗卫生、文体、商业服务、社区服务、金融邮电这6类功能数量之比为：10:2:1:17:2:3；社区服务的建筑面积过小，可直接忽略不计，其余五种之比为46:5:1:35:13。由此可见，尽管商业服务的店铺数量较多，但实际建筑面积较大的是教育培训机构。

由于缺少图6-18的指标中所需要的人口之一数据，我选取了较为合理的区间，以1万人为标准将实际情况和指标中的数据进行了比对（表6-1）。

由此可见，教育、医疗和商业这三项指标都处于上下限内。金融则是明显高于上限，而文体设施和社区服务则是低于下限。这也符合创智天地是商业性广场的定位（图6-18）。

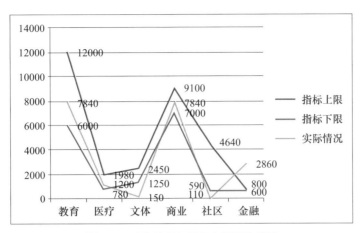

图 6-18　实际情况与指标上下限趋势图

公共服务设施控制指标（平方米／千人）　　　　　　　　　　　　　　表 6-1

规模类别	居住	居住区		小区		组团	
		建筑面积	用地面积	建筑面积	用地面积	建筑面积	用地面积
总指标		1688—3293 （2228—4213）	2172—5559 （2762—6239）	968—2397 （1338—2977）	1091—3835 （1491—4585）	362—856 （703—1356）	488—1058 （868—1578）
其中	教育	600—1200	1000—2400	330—1200	700—2400	160—400	300—500
	医疗卫生 （含医院）	78—198 （178—398）	138—378 （298—548）	38—98	78—228	6—20	12—40
	文体	125—245	225—645	45—75	65—105	18—24	40—60
	商业服务	700—910	600—940	450—570	100—600	150—370	100—400
	社区服务	59—464	76—668	59—292	76—328	19—32	16—28
	金融邮电 （含银行、邮电局）	20—30 （60—80）	25—50	16—22	22—34	—	—
	市政公用 （含居民存车处）	10—150 （460—820）	70—360 （500—960）	30—140 （400—720）	50—140 （450—760）	9—10 （350—510）	20—30 （400—550）
	行政管理及其他	46—96	37—72	—	—	—	—

根据资料显示，一期、二期广场的总建筑面积约为 10 万平方米，根据指标（表 6-2）计算可得，自行车车位量应在 7500 个以上，机动车车位在 450 个以上。

配建公共停车场停车位控制指标　　　　　　　　　　　　　　表 6-2

名称	单位	自行车	机动车
公共中心	车位 /100m² 建筑面积	≥ 7.5	≥ 0.45
商业中心	车位 /100m² 营业面积	≥ 7.5	≥ 0.45
集贸市场	车位 /100m² 营业面积	≥ 7.5	≥ 0.30
饮食店	车位 /100m² 营业面积	≥ 3.6	≥ 0.30
医院、门诊所	车位 /100m² 建筑面积	≥ 1.5	≥ 0.30

由此可见，创智天地广场目前提供的 2000 个非机动车停车位远远少于指标，但实际情况却是车库大面积闲置，我认为可能的原因有两种：① 沿创智广场周边的道路上有大量停车位没有被记入统计。② 创智天地广场本身达到了自洽。由于它是知识型创新社区和一体化办公区相结合的定位，加上其交通枢纽的优越地理位置，本身并没有对自行车停放的巨大需求。机动车的车位略高于指标，也与目前车位较为宽裕的现状相符（图 6-19）。

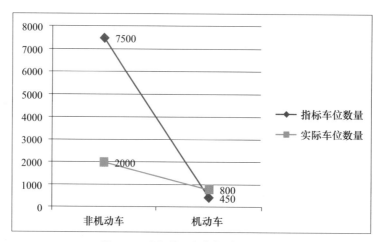

图 6-19   实际情况与指标对比分析图

6.4   总结与建议

6.4.1   总结

从建筑小品来看，创智天地广场的楼梯完全可以满足其作为交通枢纽的作用，楼梯景观、扶手、平台、外形的设置增加了美感及使用便捷性。江湾体育场的大台阶营造了很好的公共活动空间。平台、绿化、座椅和楼梯相结合的模式为不同类型的群体提供了活动的可能。在无障碍设施方面，由于本身的定位是商业广场，创智天地广场严重缺乏此类设施。连接地面层和广场层的坡道数量少且设计不合理，存在一定危险性。各类店铺前的无障碍坡道也十分缺乏。更令人震惊的是，整个创智天地广场没有一条盲道。创智天地广场逐渐承担起周边居民休闲广场的功能，为了能更好地服务周边居民，增加这些无障碍设施是非常有必要的。创智天地吸烟点的分布过于密集，在满足办公人员需求的同时对居民享有公共空间产生了妨碍。

从公共服务设施的功能类型来看，创智天地广场的功能比较丰富，有教育、医疗卫生、文体、商业服务、社区服务、金融邮电和市政公用（居民存车处）等 7 种类型。但就单个类型来说，功能相对单一，且部分功能类型分布数量极少。例如文体方面仅有一个面积较小的篮球场，金融邮电也只有银行一种功能。不过由于创智天地广场处于杨浦五角场商圈之中，目前提供的功能类型可以满足现在的需要。创智天地广场另一个鲜明特点是各功能分布相对集中，分区明显。一期广场主要是社区休闲广场，二期则偏向商业模式。功能排布与使用人群分布有明显的相关性。若想增加社会性活动的发生，尤其是增加二期广场的人气，应该增加商业和文体设施。居民存车处无论是机动车停车库还是非机动车停放点都显得冗余，尤其是地下自行车停放点，几乎完全处于闲置状态。

6.4.2   改进建议

1. 增加无障碍坡道、电梯和盲道等设施，将社会弱势群体纳入考量。
2. 减少广场上及周边的吸烟点，办公楼周边吸烟点的烟灰应该及时清理。
3. 适当增加文体设施和儿童活动场所。
4. 将地下自行车存放点改为地面存放点并缩小面积。

6.4.3   调研心得

此次调研加深了我对城市公共空间的认识，学会了从各个方面，例如区位背景、交通流线、空间尺度、街道家具、人流活动等角度去分析城市的社会性特征。同时，掌握了数据整理与解析，成果表达的方法，掌握了例如设计规范指标、研究方法等多种资料，也对城市公共空间的设计有了理解与想法。

重要的是，在调研过程中我发现如何设计都需要与实际情况相结合，一些指标、经验都只能作为参考，根据需求的不同，设计也往往需要做出改变。

教师点评

徐施鸣同学负责创智天地公共服务设施的研究，着重解读广场家具设施和公共服务设施的分布与使用情况，调研观察仔细，有自己的观点。报告对公共服务设施进行了定量与定性的分析，特别是将既有公共服务设施的数量与规范要求的指标进行了对比分析，对存在的不足给出了改进的意见。

报告提及的公共服务设施类型还不够完整。受标准规范相关条文变动的影响，报告结论的时效性不足。

城市公共空间调研解析 6-1

城乡规划一班　徐施鸣　1650392　指导老师　贺永

背景条件及概况

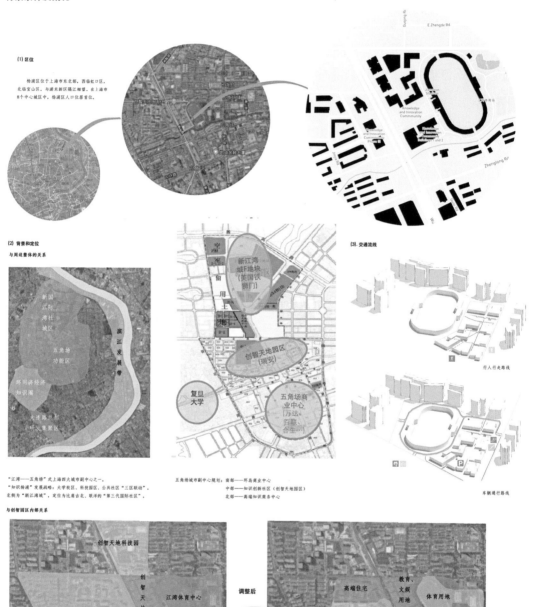

(1) 区位

杨浦区位于上海市东北部,西临虹口区,北临宝山区,与浦东新区隔江相望。在上海市8个中心城区中,杨浦区人口位居首位。

(2) 背景和定位

与周边整体的关系

"江湾——五角场"式上海四大城市副中心之一。
"知识杨浦"发展战略:大学校区、科技园区、公共社区"三区联动"。
北侧有"新江湾城",定位为比肩古北、联洋的"第三代国际社区"。

五角场城市中心规划:南部——环岛商业中心
中部——知识创新社区(创智天地园区)
北部——高端知识商务中心

(3).交通流线

行人行走路线

车辆通行路线

与创智区内部关系

调整后

开放空间

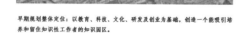

早期规划整体定位:以教育、科技、文化、研发与创业为基础,创造一个能吸引培养和留住知识性工作者的知识园区。
创智天地广场:提供智能化办公楼、学习中心、展览馆及会议设施。
创智坊:提供舒适公寓、办公楼、零售和娱乐文化设施。
创智天地创业中心:国内科技创新中小企业创新发展的基地。
江湾体育中心:拥有多功能、全天候的综合体育休闲场所。

现状:创智天的广场参考美国硅谷的推动科技创新和创业的环境,主要为智能化办公。
目标客户:企业总部、研发中心、科技公司;创业中小公司、现代服务企业;大学科研机构、科技孵化中心。

城市公共空间调研解析 6-2

城乡规划一班　徐施鸣　1650392　指导老师　贺永

街道小品的调研与解析

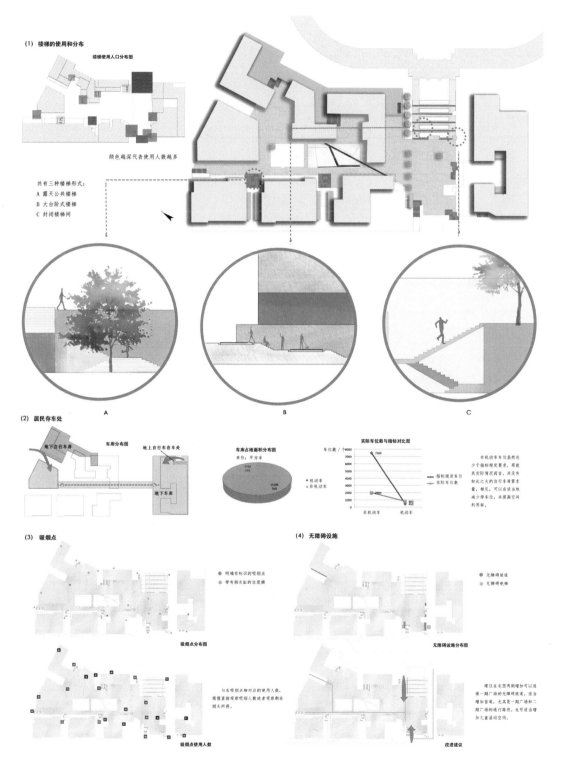

(1)　楼梯的使用和分布

楼梯使用人口分布图

颜色越深代表使用人数越多

共有三种楼梯形式：
A　露天公共楼梯
B　大台阶式楼梯
C　封闭楼梯间

A

B

C

(2)　居民存车处

地下自行车库　　车库分布图　　地上自行车存车处

地下车库

车库点地面积分布图
单位：平方米

4740
24%

15286
76%

实际车位数与指标对比图

车位数／个

7500

2000

1400

指标规定车位
实际车位数

非机动车　机动车

非机动车车位虽然远少于指标规定要求，却能其实际情况而言，并没有如此之大的自行车需求量。相反，可以在适当地减少停车位，来提高空间利用率。

(3)　吸烟点

● 明确标识的吸烟点
● 带有颜色标记的位置牌

吸烟点分布图

与各吸烟点相对应的使用人数，根据直接观察吸烟人数或者观察剩余烟头所得。

吸烟点使用人数

(4)　无障碍设施

● 无障碍坡道
● 无障碍电梯

无障碍设施分布图

建议在东西两侧增加可以连通一期的无障碍通道，适当增加宽度，尤其是一期广场和二期广场的通行路线，也可适当增加儿童活动空间。

改进建议

城市公共空间调研解析 6-3

城乡规划一班 徐施鸣 1650392 指导老师 贺永

公共服务设施功能排布解析

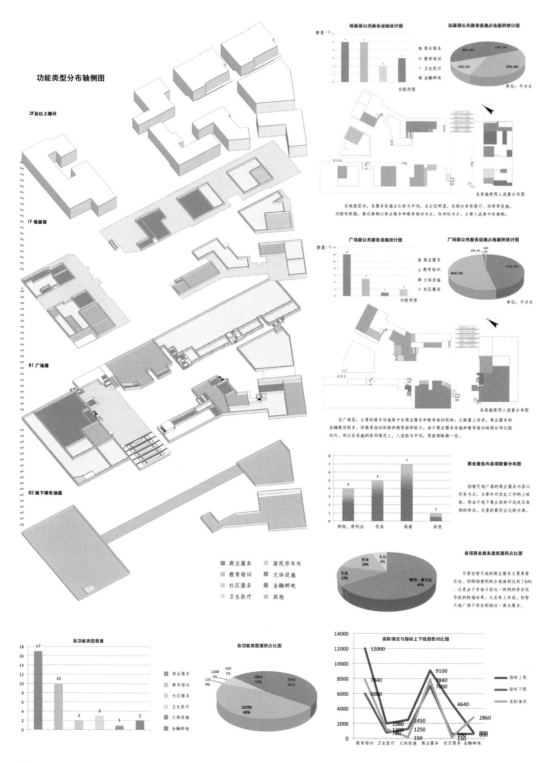

7 基于人群活动分布的广场设计量化研究

——"城市公共空间调研与解析"调研报告

罗寓峡

【摘 要】20世纪70年代,扬·盖尔曾以人性化的视角进行广场街道与城市的设计,深入研究了活动的发生与街道广场设计的关系,以求创造出充满生机的城市。基于他的研究,在本次对创智天地广场的调研中,量化广场设计与人类活动的关系成为研究的主要方向。最终结果回应了扬·盖尔调查的结论,也印证人性化设计在空间设计中的重要性。

【关键词】活动分类;空间设计,量化;人性化设计;广场

Abstract:In 1970s, the Danish architect Jan Gehl has studied urban planning with the angle of human-centered design strategy, which brought the in sight that various activities result in plazas and streets more vigorous. Based on his research, quantifying relationships between spatial parameters and human activities becomes a main part of the one-month survey in KIC plaza. Finally, the conclusions reveal as an echo to Jan Gehl's statements and also reinforce the importance of human-centered design in urban planning area.

Keywords:Activity category; Spatial design method; Quantification; Human-centered design; Plaza

7.1 介绍

7.1.1 调研基地选择及原因

创智天地广场位于杨浦区江湾体育场附近,发展有特色的多功能社区,智能化办公楼,下沉式广场。与传统办公社区不同,创智天地广场定位面向全杨浦区服务,并集合了多功能。基于以上原因,创智天地广场成为一个有趣的调研基地进而被选择。

7.1.2 人性化设计在城市规划中的思潮

以柯布西耶为代表的"功能城市"思潮从 20 世纪 20 年代开始在城市规划中盛行，然而到 60 年代，以简·雅各布斯、威廉·怀特等为代表的城市规划师们掀起了反对的浪潮，过于功能化、机械化的城市规划原理将城市街道原有的生机磨灭，忽略人本身的情感体验。在这一批规划师的努力下，人性化设计在城市规划中逐渐替代原有功能城市的规划，更加注重城市的生机与活力。威廉·怀特、扬·盖尔等从人的行为活动出发，深入研究街道广场的规划与人群活动的关系，户外空间质量对一条活跃街道的重要性。而这一思潮至今都还有着重要的影响。

7.1.3 选择的方向

基于前人的研究，通过观察活动的发生趋向与场所关系可以反映户外空间质量。在调研中，一共收集 6 组共 380 个个体数据于不同时段在广场上的活动分布情况，并将活动进行分类，与可能影响户外空间质量的变量进行量化分析，寻找它们的关系。

7.2 调研基地基本情况

7.2.1 区位

创智天地广场位于城市副中心五角场中部，政兴路与淞沪路交叉处，背靠上海市重要历史建筑江湾体育场。周围大量高新科技公司如 IBM，VM ware 等环绕，复旦大学，同济大学等高校分布于周边。基于这些区位因素，创智天地广场定位为一个大学校区、社区和科技园区"三区联动"的优质社区，其服务定位对象甚至面向整个杨浦区（图 7-1、图 7-2）。

图 7-1 基地位置　　　　　　　　　　　　图 7-2 基地区位图

7.2.2　交通流线

创智天地广场共有三条消防通道，其中一条消防通道供进入内部（图7-3）。家用轿车通行流线与消防流线大致相同，通向地下停车场（图7-4）。创智天地社区内部建立以步行为主的人流流线，主广场与地铁10号线江湾体育场站12号口相接，共8个楼梯口，分三条主要路径供行人通行（图7-5）。

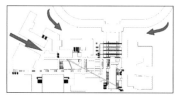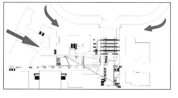

图7-3　消防流线　　　　　　　图7-4　汽车流线　　　　　　　图7-5　步行流线

7.2.3　公共服务设施

下沉式设计扩大了创智天地广场的服务面积，公共服务设施方面，地下一层主要分布餐饮，教育机构与购物场所，其余部分全为企业办公区。3种功能餐饮、教育、购物相对面积占比约为1∶1.2∶1，餐饮、教育、购物店面数量之比为9∶7∶1（图7-6）。在地上一层分布着银行、餐饮与教育机构及其他商业活动，同样的，其余部分也多为企业办公，餐饮、教育、银行、其他功能相对面积占比约为1∶2∶1.5∶2，餐饮、教育、银行、其他店面数量之比为4∶4∶2∶3（图7-7）。

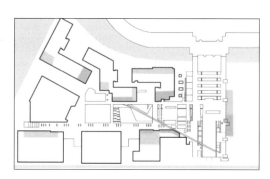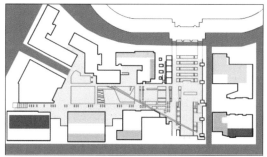

图7-6　地下一层公共服务设施分布　　　　　　图7-7　地上一层公共服务设施分布

7.2.4　绿化分布与建筑形态与空间

1. 绿化分布

创智天地广场绿化在一期和二期都有分布，相较于传统绿化带，创智天地广场的绿化分布不均，更注重划分内部空间，加强人与景观的互动关系，绿化面积0.44公顷，绿化率24%。

2. 建筑形态与空间

如果将一期和二期简化为 T 形形态，一期广场为 122.28 米 × 48 米，二期广场为 133.67 米 × 43.6 米（0.5828 公顷），两期长宽比值如表 7-1 所示。

创智天地广场长宽比值　　　　　　　　　　　　表 7-1

广场基面	长宽比值
广场南北向基面	2.5475
广场东西向基面	5.4095
一期广场基面	2.5475
二期广场基面	3.0658

创智天地广场建筑的建筑高度多在 20 米以上，引入高深比在垂直方向上进行空间分析，见表 7-2。

一期和二期广场长宽比值　　　　　　　　　　　表 7-2

广场	长宽比值
一期广场	0.1104/0.4167
二期广场	0.4651

7.3　人群活动与广场设计的关系

7.3.1　人群活动分类

扬·盖尔在其研究中将户外活动分为三种类型：必要性活动，自发性活动和社会性活动[1]。为了将活动分类更专门化和实际化，便于量化分析，根据活动与场所的关系，在经过几天的初期调研之后，将活动分为 3 种类型：

·过程型活动：

过程性活动伴随着明显的目的性，一般处于两种活动之间，例如步行者从 A 处到 B 处办公，则 A 处到 B 处间的步行活动被定义为过程性活动。

·互动型活动：互动性活动一般伴随着语言、视觉或肢体互动，如打太极，观望，聊天等都属于互动性活动。

·变迁型活动：变迁性活动与前两种不同，不带有明显的目的性，单位研究对象与周围环境互动性不大，如打电话，玩手机等将归类为变迁性活动。

7.3.2　场所影响因素分类

在将 380 个样本的活动分布与场所对应后，发现不同活动类型有着不同特点：过程型活动呈现线性分布，互动型活动与街道家具分布相关，变迁型活动从目前收集到的数据来看暂未发现明显趋向。为了更进一步深入研究，将场所影响分类成下面 4 种类型：

- 视觉空间：包括视觉焦点和绿化植被等，主要反映场所对人视觉的影响。
- 尺度与形式：街道家具尺度，形状等。
- 放置关系：街道家具间放置的相互关系。
- 所处位置：街道家具与场所的相对位置。

7.3.3 量化分析

1. 人体行为活动基本距离

人类学家爱德华·T. 霍尔（Edward T. Hall）曾经对人类活动与距离之间的关系展开过研究，最终量化得出听觉，视觉等与距离的关系，并研究了人在不同的社会活动中的空间关系。[2]

视觉在 25 米以内能识别出人的表情与情绪，70 米以内能识别出人的性别、年龄与活动，而超过 70 米后将无法看清；听觉在 7 米内十分灵敏，能满足基本的交谈需要，35 米内人能听清演讲者演讲的内容，而超过 35 米后就只能听见模模糊糊的叫喊（图 7-8）。

在社会活动方面，霍尔将人行为活动分为 4 类，并统计计算出了每类活动的距离分布情况（图 7-9）：

- 亲密空间：如拥抱等亲密性的活动，人与人之间的距离在 45 厘米之内，
- 私人空间：如与家人、朋友等熟悉的人交谈等，距离在 45 至 120 厘米之间，
- 社交空间：如与不熟悉的人交际，发生距离在 120 至 360 厘米之间，
- 公共空间：如向公众发表演讲等，距离为 360 至 750 厘米间。

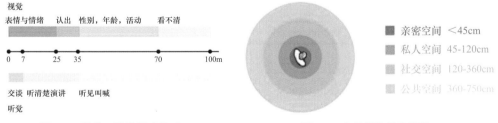

图 7-8 视觉、听觉距离关系   图 7-9 空间行为活动距离

在霍尔的研究后，更多的研究者又在基于霍尔的研究数据上对环境行为学进行更广泛的分析，其中在步行与步行道宽度的关系中，公园行走步行道的宽度大于 2.6 米才能保证人与人之间舒适的空间关系距离。[3、4]

空间尺度方面，芦原义信在《街道的美学》中研究提出，良好的宽高比能提升广场与街道的空间质量，如果将 d 定义为广场宽度，h 定义为周边建筑高度，d/h 的比值在 1.3 左右是一个

良好的比例，围合感强但不狭窄拥挤，$d/h > 2$ 使广场能满足建筑观赏的需要，d/h 的比值越大，开阔度越高。同时，与之相关的仰视视角与俯视视角的研究发现，端坐者视野俯视下限为 15° 左右，仰视上限为 50° 至 55°。[5]

2. 过程型活动

从过程型行为的分布图中看出，过程型行为的分布有明显的方向和线型关系，这一形态与行人交通流线的分布吻合，在分布上未出现明显的分区。其中，在二期广场沿路区域靠近建筑过程型活动发生量远低于另一侧（图 7-10）。基于过程型活动的特点，对二期广场沿路两侧进行必要参量的量化分析（表 7-3）。

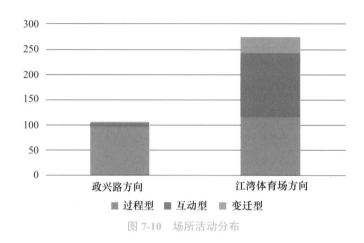

图 7-10　场所活动分布

二期广场沿路方向参量数值　　　　　　　　　　　　　表 7-3

	路宽	靠建筑侧仰角	靠广场侧仰角
靠近建筑	3.44 米	84	23
靠近广场	1.98 米	69	26
参考值	> 2.60 米	< 55	< 55

3. 互动型活动

在经过图像处理后，将互动型活动分布图与街道家具分布图叠合，图像显示互动型活动的分布与街道家具的分布密切相关，而具体的活动类型依据街道家具分布的区域有着明显的分区关系。

基于上述初步的数据分析后，我将创智天地下沉式广场依据活动分区分成 3 个部分，即大台阶、广场两侧、二期沿路三块，将场所影响因素数据量化，以图表的方式体现（图 7-11、图 7-12）：

（1）视觉空间

三处地点从空间尺度上都有相对良好的宽高比和视角，二期沿路 1.37 的宽高比与 1.3 的理想数据非常接近，二期广场相较于其他两处来说围合感强但不拥挤，拥有良好的空间关系（表7-4）。然而，当选择以街道家具为观望点时，二期沿路从宽高比仅0.31，72.9°的仰角都反映出不舒适的空间体验。相较于此，视觉空间上，大台阶处视野宽阔，有良好的俯视视角，广场两侧宽高比最接近1.3的理想比例，围合感强而不拥挤，同时也有较好的视角使建筑成为欣赏的视觉焦点（表7-5）。

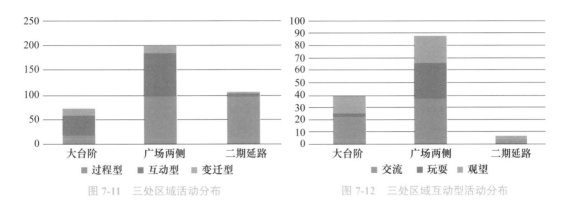

图7-11   三处区域活动分布　　　　图7-12   三处区域互动型活动分布

空间尺度关系（单位：米）　　　　　　　　表7-4

空间尺度	d	h	d/h	俯视/仰角
大台阶	122.34	20.98	5.83	9.73
广场两侧	48	20.98	2.29	23.61
二期延路	42.87	31.2	1.37	36.05

街道家具观望尺度（单位：米）　　　　　　表7-5

街道家具观望尺度	d	h	d/h	俯视/仰角
大台阶	122.34	20.98	5.83	9.73
广场两侧	24.84	20.98	1.18	40.18
二期延路	9.58	31.2	0.31	72.9

（2）尺度形式

在街道家具尺度上，三处样本未看出明显区别，二期沿路有靠背的座椅某种程度上限制了人坐歇时视野的方向，相对视觉体验良好的广场一侧却被靠背阻挡（表7-6）。

街道家具尺度与形式（单位：米）　　　　　表7-6

	座椅长度	座椅宽度	座椅高度	有无靠背
大台阶	4	1	0.45	N
广场两侧	5.38	0.58	0.45	N
二期延路	21.4	1.6	0.6	Y

（3）放置关系

在街道家具的放置上，基于霍尔的数据研究，大台阶和二期沿路的座椅在相对距离和相邻距离上布置都过大，不利于交流活动的发生，广场两侧的座椅相邻距离和相对距离都在3.5米以内，保证了视觉和听觉交流的准确性，有利于交流活动的发生（表7-7）。

街道家具尺度与形式（单位：米）　　　　表 7-7

	相邻	相邻距离	相对	相对距离
大台阶	Y	4.2	Y	7.47
广场两侧	Y	1	Y	2.3
二期延路	Y	4.9	N	/

（4）所处位置

"有活动发生是因为有活动发生。"在研究座椅的分布与广场相对关系时，街道家具安放位置与广场中活动的发生距离之间的关系将影响互动型活动的分布。取样的三处地点活动发生场所的面积相差不大，在平行向建筑的距离一栏数据比较中，二期沿路方向活动发生场所建筑宽高比最小，广场两侧竖向植被使活动发生空间有了更清晰的活动边界，围合性良好（表7-8）。

街道家具空间位置（单位：米）　　　　表 7-8

	分布方向	活动区宽度 × 长度	与中心轴线距离	与平行向建筑距离	建筑高度	有无竖向植被
大台阶	横向	4.14×33.10	4.39	33.71	28.84	N
广场两侧	纵向	7.61×22.9	3.81	30.04	27.08	Y
二期延路	横向	9.58×11.54	4.5	9.58	31.20	N

7.4　结论

三类活动中，过程型活动受环境质量的影响最小，但在路径的选择过程中，即使在同一条道路的两侧，视野仰角与围合感相对于道路宽度参量甚至会更有优先性。互动型活动的分布受街道家具分布的影响，视野宽阔同时又有良好活动观望距离的街道家具更容易使观望活动发生。交谈活动对街道家具摆放的距离有要求，间距3.5米以内的摆放能更适宜于交谈活动。以垂直绿化创造围合度高的小空间，同时保证视野良好的小空间是玩耍活动发生的优良场所。变迁型活动则可能倾向于发生在互动型活动密集的场所并保持一定距离，这一点未来需要更多样本数据和分析来进一步论证。

参考文献

［1］Jan Gehl. Life between buildings: using public space [M]. Island Press, 2011.

［2］Edward T. Hall. The hidden dimension [M]. New York: Doubleday, 1966.

［3］A. Cobo, M. Tsai, Y. Luo. How does personal and environmental parameters influence the distance in proxemics? 2017.

［4］W. Zhang, G. Lawson. Meeting and greeting: Activities in public outdoor spaces outside high-density urban residential communities [J]. URBAN DESIGN International, 2009, 14(4): 207-14.

［5］芦原义信 著，尹培桐 译. 街道的美学［M］. 天津：百花文艺出版社，2006.

教师点评

　　罗寓峡同学研究广场的街道家具、广场尺度与人群活动的关系。在文献阅读的基础上，研究将人的活动划分为过程型活动和互动型活动两类，并在此基础上研究了广场的空间尺度和街道家具的尺度问题，阐述两者对人群活动的影响作用。

　　报告写作以大量文献阅读为基础，在基本框架要求的基础上，提出了自己的研究问题，研究有定性的也有定量的，报告翔实、有深度。

城市公共空间调研与解析 7-1

景观一班 罗寓峡 1650256 指导老师 贺永

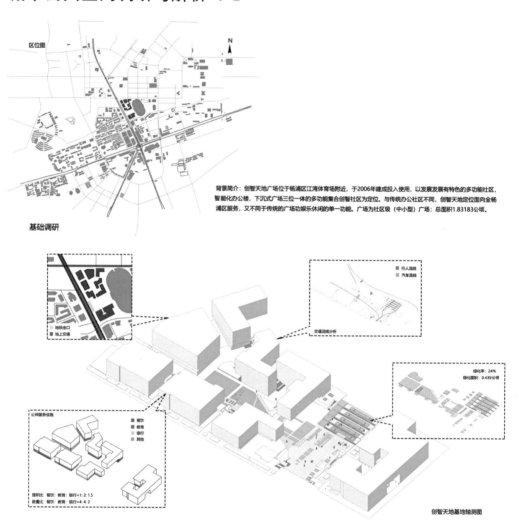

区位图

N

背景简介：创智天地广场位于杨浦区江湾体育场附近，于2006年建成投入使用，以发展发展有特色的多功能社区，智能化办公楼，下沉式广场三位一体的多功能集合创智社区为定位。与传统办公社区不同，创智天地定位面向全杨浦区服务，又不同于传统的广场功娱乐休闲的单一功能。广场为社区级（中小型）广场：总面积1.83183公顷。

基础调研

地铁出口
地上交通

行人流线
汽车流线

交通流线分析

绿化率：24%
绿化面积：0.439公顷

公共服务设施

餐饮
教育
银行
其他

面积比 餐饮：教育：银行=1：2：1.5
数量比 餐饮：教育：银行=4：4：2

创智天地基地轴测图

70年代，扬·盖尔曾以人性化的视角进行广场街道与城市的设计。在本次对创智天地广场的调研中，量化广场设计与人类活动的关系成为研究的主要方向，最终结果回应了扬·盖尔调查的结论，也印证人性化设计在空间设计中的重要性。

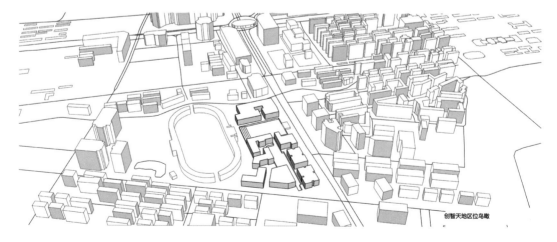

创智天地地区位鸟瞰

城市公共空间调研与解析 7-2

景观一班　罗寓峡　1650256　指导老师　贺永

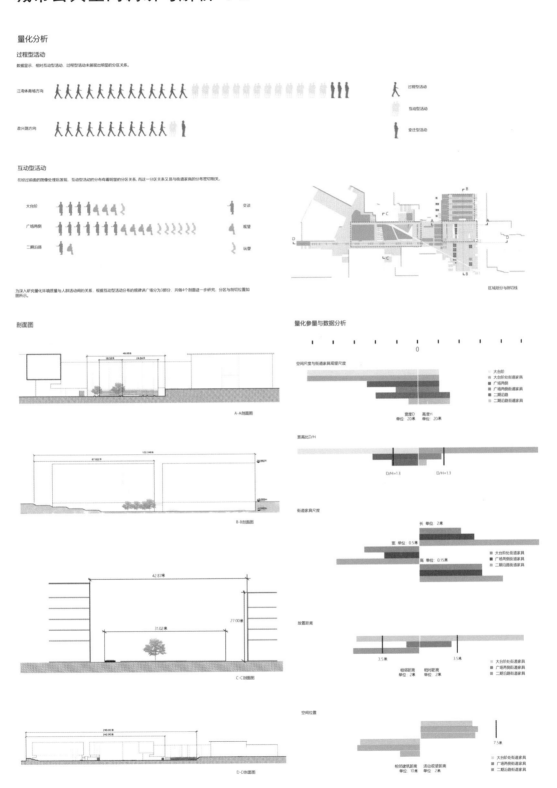

量化分析

过程型活动

数据显示，相对互动型活动，过程型活动未展现出明显的分区关系。

江湾体育场方向

政兴路方向

过程型活动

互动型活动

变迁型活动

互动型活动

在经过前面的图像处理后发现，互动型活动的分布有着明显的分区关系，而这一分区关系又与街道家具的分布密切相关。

大台阶　　　交谈

广场两侧　　观望

二期沿路　　玩耍

为深入研究量化环境质量与人群活动间的关系，根据互动型活动分布的规律将广场分为3部分，共做4个剖面进一步研究，分区与剖切位置如图所示。

区域划分与剖切线

剖面图

A-A剖面图

B-B剖面图

C-C剖面图

D-D剖面图

量化参量与数据分析

空间尺度与街道家具观望尺度

大台阶
大台阶处街道家具
广场两侧
广场两侧街道家具
二期沿路
二期沿路街道家具

宽度D　高度H
单位：20米　单位：20米

宽高比D/H

D/H=1.5　　D/H=1.5

街道家具尺度

长　单位：2米

宽　单位：0.5米

高　单位：0.15米

大台阶处街道家具
广场两侧街道家具
二期沿路街道家具

放置距离

3.5米　　　3.5米

相邻距离　相邻距离
单位：2米　单位：2米

大台阶处街道家具
广场两侧街道家具
二期沿路街道家具

空间位置

7.5米

相邻建筑距离　活动观望距离
单位：10米　单位：2米

大台阶处街道家具
广场两侧街道家具
二期沿路街道家具

城市公共空间调研与解析 7-3

景观一班　罗寓峡　1650256　指导老师　贺永

基本距离与分类

人体行为活动基本距离

人类学家Edward. J. Hall曾经对人类活动与距离之间的关系展开过研究，并着重量化揭示出听觉、视觉等与距离的关系，并研究了人在不同的社会活动中的空间关系。

在霍尔的研究后，更多的研究者又在基于霍尔的研究数据上对环境行为学进行更广泛的分析，其中步行与步行通宽度的关系中，公园行步行通的宽度大于2.6m才能保证人与人之间舒适的空间关系距离。

空间尺度方面，芦原义信在《街道的美学》中研究提出，良好的宽高比能提升街道的空间质量，如果将D定义为广场宽度，H定义为周边建筑高度，D/H=1.3左右是一个良好的比例，D/H>2时广场能满足观赏的需要，D/H越大、开阔度越高，同时与之相关的视域角与俯视角的研究发现，端坐者视野俯仰视下限为15度左右，仰视上限为50~55度。

intimate space <18 inches
personal space 1.5 to 4 feet
social space 4 to 12 feet
public space 12 to 25 feet

公园行步行通的宽度大于2.6m才能保证人与人之间舒适的空间关系距离。

端坐者视野俯视下限为10度左右，仰视上限为50~55度。

D/H=1.3左右是一个良好的比例，图合感强而不显得窄狭拥挤。

D/H>2使广场能满足建筑观赏的需要，D/H越大，开阔度越高。

活动分类

扬·盖尔在其研究中将户外活动分为三种类型 必要性活动、自发性活动和社会性活动。为了将活动分类更专门化和实际化便于量化研究，根据活动与场所的发生关系，在经过了几天的初期调研之后将活动分为三种类型。

过程性活动 过程性活动伴随着明显的目的性，一般处于两种活动之间，例如步行者从A处到B处办公、例A处到B处间的步行活动则定义为过程性活动。

互动性活动 互动性活动一般伴随着语言、视觉或肢体互动，如打太极、跳舞、聊天等则属于互动性活动。

变迁性活动 变迁性活动与前两种不同，不带有明显的目的性，单位研究对象与周围环境互动性不大，如打电话、玩手机等将归为变迁性活动。

在将380个样本的分布与场所对应后，发现不同活动类型有着不同特点。过程型活动呈现线性分布，互动性活动与街道家具分布相关，变迁性活动从目前收集到的数据看暂未发现明显趋向。

场所变量分类

为了更进一步深入研究，将场所影响分类成下面四种类型
视觉空间 包括观赏角度和遮挡、植被等等，主要反映场所对人视觉的影响。
尺度与形式 街道家具尺度，形状等。
放置关系 街道家具间放置的相互关系。
所处位置 街道家具与场所的相对位置。

视觉空间
包含空间尺度关系与街道家具观望尺度
评价体系：D/H 仰角/俯角
参考数值：D/H=1.3，D/H>2，仰角<55°，俯角<10°

街道家具尺度形式：
衡量街道家具是否符合人体尺度和空间体验。
评价体系：长、宽、高，有无靠背
参考数值：3.00米，0.45米，0.45米，有靠背

放置关系
街道家具的放置是否有利于交谈等互动的发生。
评价体系：相邻距离，相对距离
参考数值：<3.5米，<3.5米

所处位置
街道家具所处位置与活动发生的距离与周围空间关系。
评价体系：活动距离，建筑宽高比，有无垂直绿化
参考数值：<25米，D/H=1.3，有垂直绿化

过程型活动

互动型活动

变迁型活动

宽窄分布

8 建筑空间与人群活动关系探究

——"城市公共空间调研与解析"调研报告

曾灿程

【摘　要】在城市公共空间中，建筑是一个非常重要的要素，内部的功能和外部的环境都对人的活动模式有着深刻的影响。笔者在对创智天地这一公共空间的调研过程中着重关注了建筑空间和人群活动间的正负关系，将人的行为和建筑的特点提炼为几个要素，并对几个典型区域进行观察记录。通过对活动状况和各自要素的对比，笔者总结出了一些有利于提高公共空间建筑活力和吸引力的设计策略。

【关键词】建筑空间；人群活动；公共空间；活力

Abstract：The architecture is a very important factor in the urban public space. Both internal function and external environments have a profound impact on human activity patterns. The author focuses on the positive and negative relationship between architectural space and human activities in the process of researching KIC plaza, extracting the characteristics of human behavior and architecture as several elements and observing and recording several typical regions. Through the comparison of the activities and their respective elements, the author summarizes some design strategies which are beneficial to the improvement of the vitality and attraction of the public space

Keywords：Architectural space; Crowd activity; Public space; Vigor

8.1 引言

8.1.1 背景介绍

城市的公共空间有着重要的社会性职能，在居住、商业等功能之外，还要为城市居民提供一个交流、休闲、活动的场所。优秀的城市公共开放空间需要在区位、交通、功能布局、建筑设计、周边环境等条件上都做到合理和先进，对于设计者的要求较高，因此对公共空间进行调研和解析十分重要。本次调研中笔者选定的创智天地是一个成功的公共空间设计案例，有着重要的参考意义。

8.1.2　基本信息

创智天地园区位于上海市杨浦区五角场城市副中心，是在 2003 年上海市提出的大学校区、科技园区、公共社区"三区融合、联动发展"的理念驱动下发展形成的新型创新知识型社区。经过多年的基础设施建设和产业发展，已成为杨浦区公共活动中心、创新服务中心和示范性功能区[1]。园区分为四部分，其中最重要、城市公共空间属性最明显的是创智天地广场，这是笔者本次调研的部分。广场西临淞沪路，北临政立路，南临国庠路，东为江湾体育场，毗邻地铁 10 号线，交通便利，人流密集，在都市空间中起着承上启下的作用，是一个多功能的优秀城市公共空间（图 8-1）。

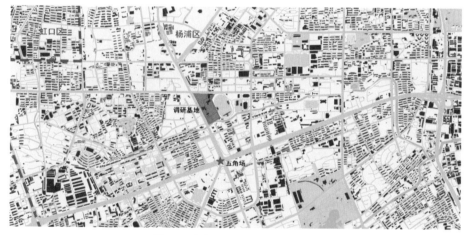

图 8-1　创智天地园区区位地理图

8.2　基地介绍

8.2.1　区位

创智天地园区地处上海市杨浦区中部偏西位置，南邻五角场，北靠三门路，东联江湾体育场，西靠上海财经大学，园区规划占地 1258 亩，规划建筑面积约 100 万平方米。南侧的五角场为上海的副中心之一，是重要的交通商业枢纽。周边有上海财经大学、复旦大学等高校。创智天地园区包括由西向东分布的创智坊、创智广场、江湾体育场和广场北侧的科技园区四部分（图 8-2、图 8-3）。

图 8-2　创智天地园区分区图

图 8-3　创智广场园区区位图

8.2.2　交通

　　创智天地园区西侧为淞沪路，车道多车流大，设有公交站点。淞沪路地下为地铁 10 号线，经淞沪路向南过虹江可到达江湾体育场站以及公交枢纽。地铁站与沿淞沪路地下商业街相连，行人可经此地铁站由设置在东侧的 11 号、12 号、13 号出口进出广场，并可由地下到达道路西侧大学路区域。北侧政立路设置有公交站点和广场地下停车场出入口。广场东侧的沿江湾体育场道路和南侧过虹江的国庠路桥通达性较弱（图 8-4）。

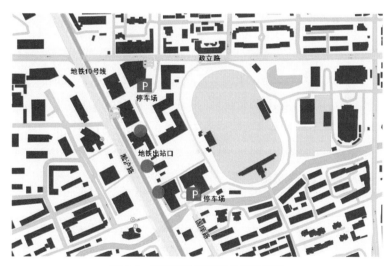

图 8-4　创智天地园区周边交通状况

8.2.3　定位与现状

　　创智天地广场的建设是在将杨浦区发展为知识创新区的背景和杨浦区大学众多、智力资源丰富的基础上进行的。经过十余年的发展如今已经基本建设完善且较为成功。创智天地广场在地理上

91

和功能上都是创智天地园区的中心。首先，创智天地广场为创新企业提供了孵化场所，也是知识型人才聚集、交流、活动的区域；其次，环绕创智天地园区有大量居民小区，创智天地广场良好的环境使得它能很好地发挥城市公共空间的作用，为居民服务；最后，借助五角场副中心和周边大学的优势，创智天地广场以核心的态势一边吸收一边发散，带动了自身附属产业和周边区域的发展（图8-5、图8-6）。[2]

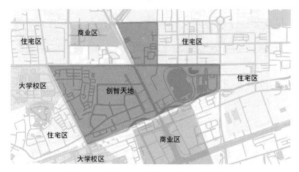

图 8-5　创智天地园区周边功能分区　　　　　　　图 8-6　创智天地广场实景

8.3　具体研究与解析

8.3.1　研究内容

笔者在调研过程中主要关注了建筑空间与人的活动之间的关系。创智天地广场是一个下沉广场，中央有着良好的绿化和基础设施，吸引了大量休闲活动的人群。广场的周边是由多幢低层办公建筑围合的，建筑的内部使用人群数量巨大，广场也有很多商业立面，因此这些建筑对于人群活动有着重大影响（图8-7）。因为内部下沉广场是人群主要活动和进出的区域，所以对建筑空间的解析主要集中在这个区域面向广场的部分，地面层和建筑高层或人流极少，或为公司私有空间，对人流活动几乎无影响，不做探究。

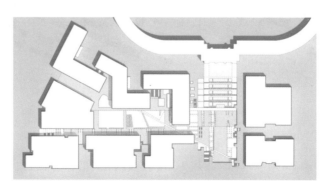

图 8-7　创智天地广场平面图

8.3.2 研究方法

创智天地广场虽然不是完全的商业区，但由于广场建筑为高层办公、底层商业的模式，人和建筑的活动有很强的目的性，许多非商业区、通道、出入口的界面无法和人发生互动关系，故在研究时主要关注商业建筑和商业活动区域（图 8-8～图 8-10）。

在调研过程中，笔者在创智天地广场下沉层中选取了建筑空间可以和人发生交流的区域，以店面为核心挑选了几个典型的人和建筑交流较多或较少的案例。将每个案例中建筑设计的基本特点进行总结。同时多次多时段进行人群活动调研并取平均值，得到了各个案例区域人流量和人群活动方式和占比。通过将这两大方面的要素进行比对，总结出在创智天地广场的公共空间设计中有利的建筑模式。

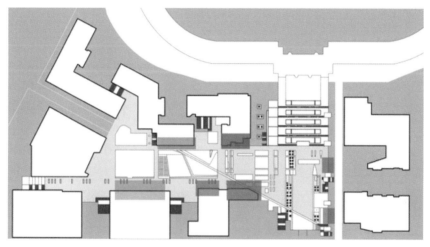

图 8-8 广场主要商业区域

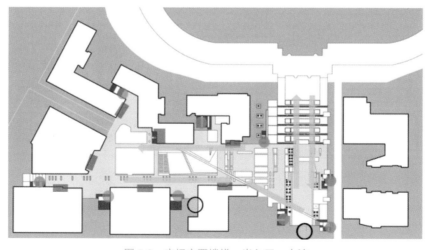

图 8-9 广场主要楼梯、出入口、人流

93

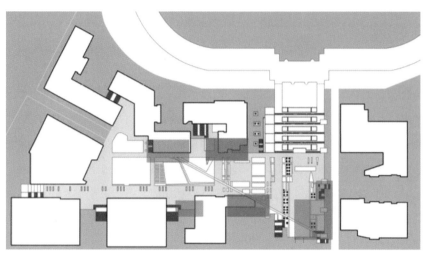

图 8-10　建筑和人主要交流区域

8.3.3　案例选取

　　笔者在南侧开阔广场区域选择了 3 个案例：星巴克咖啡店、迪卡侬运动用品店、吉亨面馆；在北侧和中段建筑区域选择了 4 个案例：73 度咖啡店、卡乐星汉堡店、果之满满饮品店、七七海南鸡。这 7 个案例全部为商业模式。每个案例包含店面和周围出入口、地铁口、楼梯等与建筑相关部分（图 8-11）。

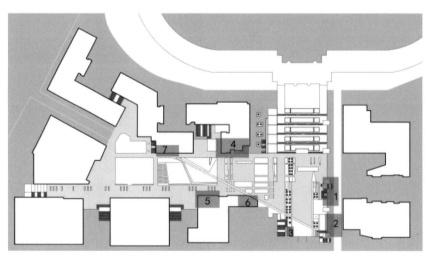

图 8-11　选取案例位置

8.3.4　案例分析

　　创智天地广场建设时风格统一，建筑的材料和形式较为相似，我们主要研究人群的活动受

94

其位置、建筑空间特征的影响。研究将建筑特性（表 8-1）和人群活动模式（表 8-2）划分如下。具体案例分析时将根据实际情况微调。雨棚、材料等因素因相同不做讨论。

建筑空间特性　　　　　　　　　　　　　　　　　　　　　表 8-1

建筑特性	楼梯	出入口（地铁口）	立面变化	室外座椅	二层平台	宽阔道路（可达性）
是否具备	是／否	是／否	是／否	是／否	是／否	是／否

人群活动种类　　　　　　　　　　　　　　　　　　　　　表 8-2

活动种类	停留休憩	停留消费	经过	进出通行	消费
人数					
占比					

1. 案例 1

星巴克咖啡店区域位于广场南侧，有两个出入口，出入口间有一个楼梯与地面层连接，出入口前有绿化和装饰，活动空间较小，无法顺利直达，立面具有透明度，内部设置约 16 张桌椅。主要使用人群为年轻人，活跃度中等（图 8-12、图 8-13）。

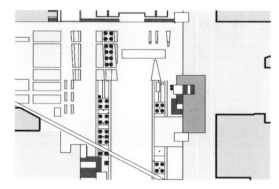 

图 8-12　案例 1 平面图　　　　　　　　　　图 8-13　案例 1 照片

该区域的空间特性如下（表 8-3）。

案例 1 建筑特性列表　　　　　　　　　　　　　　　　　　表 8-3

建筑特性	楼梯	出入口（地铁口）	立面变化	室外座椅	二层平台	宽阔道路（可达性）
是否具备	是	否	否	否	是	否

具体时段统计的活动人数和活动人数的占比如图（图 8-14、图 8-15）。

2. 案例 2

迪卡侬运动用品店位于广场南侧（图 8-16、图 8-17），有一个出入口，入口处有一可购买饮料的过渡空间。出入口临近地铁 12 号出口，与地面层有楼梯相连。店外有绿地，立面透明视线清楚，空间较为开阔，可轻松达到广场。人流密集，活跃度较高。

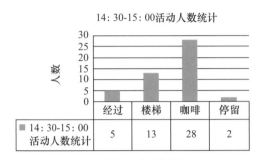
图 8-14 案例 1 活动人数

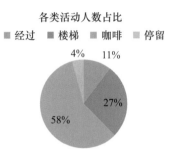
图 8-15 案例 1 活动人数占比

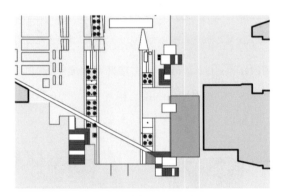
图 8-16 案例 2 平面图

图 8-17 案例 2 照片

该区域的空间特性如下表（表 8-4）。

案例 2 建筑特性列表　　　　　　　　　　　　　表 8-4

建筑特性	楼梯	出入口（地铁口）	立面变化	室外座椅	二层平台	宽阔道路（可达性）
是否具备	是	是	是	否	是	是

具体时段统计的活动人数和活动人数的占比如图（图 8-18、图 8-19）。

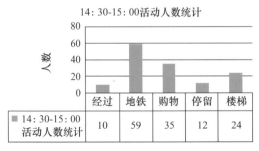
图 8-18 案例 2 活动人数

图 8-19 案例 2 活动人数占比

3. 案例 3

吉亨面馆位于广场区域北侧，有一个出入口（图 8-20、图 8-21）。店后为楼梯。入口临近地铁口，外部空间开阔无限定。可设置一定室外座椅，但需利用店立面处吧台。人流稀少，活跃度较低。

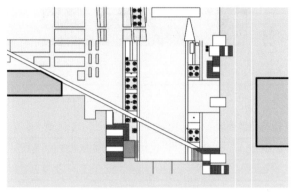

图 8-20　案例 3 平面图　　　　　　　　　　　　　　图 8-21　案例 3 照片

该区域的空间特性如下表（表 8-5）。

案例 3 建筑特性列表　　　　　　　　　　　　表 8-5

建筑特性	楼梯	出入口（地铁口）	立面变化	室外座椅	二层平台	宽阔道路（可达性）
是否具备	否	是	否	是	否	是

具体时段统计的活动人数和活动人数的占比如图（图 8-22、图 8-23）。

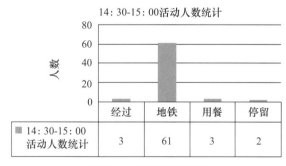

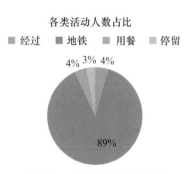

图 8-22　案例 3 活动人数　　　　　　　　　　　图 8-23　案例 3 活动人数占比

4. 案例 4

73 度咖啡店位于创智 3 号楼广场层，店面右侧为抵达 3 号楼地面层的楼梯，店面左侧为 3 号楼地下出入口，内设有电梯和卫生间（图 8-24、图 8-25）。咖啡店有两个出入口，立面通透，内设约 20 张桌椅。店外设置 5 张桌椅，外部空间开阔易达，临近绿化。活跃度较高。

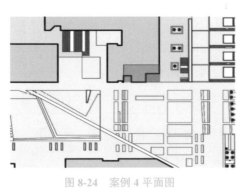

图 8-24 案例 4 平面图   图 8-25 案例 4 照片

该区域的空间特性如下表（表 8-6）。

案例 4 建筑特性列表   表 8-6

建筑特性	楼梯	出入口（地铁口）	立面变化	室外座椅	二层平台	宽阔道路（可达性）
是否具备	是	是	是	是	是	是

具体时段统计的活动人数和活动人数的占比如图（图 8-26、图 8-27）。

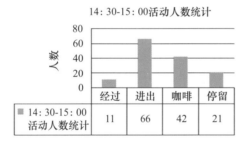

图 8-26 案例 4 活动人数   图 8-27 案例 4 活动人数占比

5. 案例 5

卡乐星汉堡店位于创智 4 号楼广场层，有两个出入口，建筑有两个对外立面，建筑北侧为地铁 11 号出口，有较长过渡空间和便利店（图 8-28、图 8-29）。店外为较狭窄道路，无室外空间限定和座椅。二层为办公区封闭立面。立面透明但无明显变化。活跃度较低。

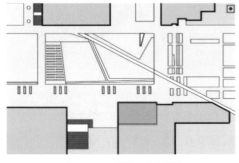

图 8-28 案例 5 平面图   图 8-29 案例 5 照片

该区域的空间特性如下表（表 8-7）。

案例 5 建筑特性列表　　　　　　　　　　　　　　　　表 8-7

建筑特性	楼梯	出入口（地铁口）	立面变化	室外座椅	二层平台	宽阔道路（可达性）
是否具备	否	是	否	否	否	否

具体时段统计的活动人数和活动人数的占比如图（图 8-30、图 8-31）。

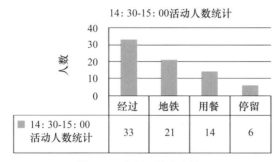

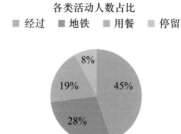

图 8-30　案例 5 活动人数　　　　　　　图 8-31　案例 5 活动人数占比

6. 案例 6

果之满满饮品店位于创智 4 号楼广场层转角处，有两个出入口，建筑有两个对外立面（图 8-32、图 8-33）。出入口外空间开阔，设置有室外座椅以及绿化。主入口正对道路为广场重要交通干道，连接地铁 12 号出口和楼梯以及建筑出入口。二层为地面层平台，但因维修原因无法进入。活跃度中等。

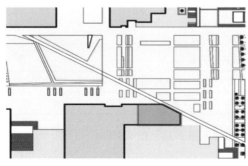

图 8-32　案例 6 平面图　　　　　　　　图 8-33　案例 6 照片

该区域的空间特性如下表（表 8-8）。

案例 6 建筑特性列表　　　　　　　　　　　　　　　　表 8-8

建筑特性	楼梯	出入口（地铁口）	立面变化	室外座椅	二层平台	宽阔道路（可达性）
是否具备	否	是	是	是	否	是

活动人数和活动人数的占比如图（图 8-34、图 8-35）。

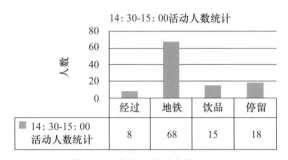

图 8-34　案例 6 活动人数　　　　　　　　图 8-35　案例 6 活动人数占比

7. 案例 7

七七海南鸡位于创智 5 号楼广场层，有一个出入口（图 8-36、图 8-37）。建筑立面正对一宽度约 4 米的道路，靠近店侧设置了室外座椅，但使用率较低。北侧为楼梯，可抵达 5 号楼二层平台，但平台未延伸至店面上方。使用人数少，活跃度较低。

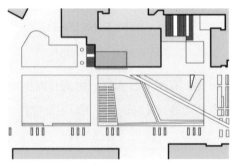

图 8-36　案例 7 平面图　　　　　　　　图 8-37　案例 7 照片

该区域的空间特性如下表（表 8-9）。

案例 7 建筑特性列表　　　　　　　　　　　　　　　　　　　表 8-9

建筑特性	楼梯	出入口（地铁口）	立面变化	室外座椅	二层平台	宽阔道路（可达性）
是否具备	是	否	否	是	否	否

具体时段统计的活动人数和活动人数的占比如图（图 8-38、图 8-39）。

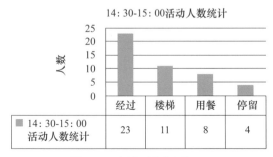

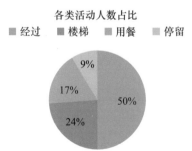

图 8-38　案例 7 活动人数　　　　　　　　图 8-39　案例 7 活动人数占比

8.4　总结

8.4.1　分析结果

笔者在对 7 个案例的建筑特色和人群活动热度及种类进行分析比较后，发现了如下几个现象。

1）在广场区域设置有室外座椅能显著提高建筑的吸引力，使得停留类活动增加，但必须保证座椅在使用的过程中人的尺度体验要足够大。

2）一个开阔整洁、可轻易穿行的室外空间有利于提高内部空间的使用率，但室外空间需要具有一定的限定性和范围以进行引导。

3）由于时代潮流和广场工作人群的特征，传统商业功能的建筑竞争力下降，快捷、高档的商业建筑更适合于人们的需求。

4）建筑出入口、楼梯、地铁口等人流密集的区域对周边建筑有着重要作用，对于这些节点的靠近和利用可有效提高人流量。

5）建筑立面需有较高开敞度和透明度促进内外交流，内部装潢照明十分重要，但连续的玻璃界面最好发生一些形状和装饰上的变化以提高视觉吸引力。

6）创智天地广场的创业工作者是非常重要的使用人群，消费类的行为很多都由这部分人完成，对于办公人群越友善越便捷的建筑越成功。

7）二层（地面层）平台虽然不属于建筑功能部分，但一个可达的二层有助于上下视线交流，增强引导性，在有楼梯时尤其明显。

8.4.2　设计启发

针对创智天地广场多个案例的分析和比较后，笔者得出了如下的一些在类似创智天地广场的城市公共空间设计中有益的策略：

1. 建筑外部设置座椅，安排宽阔的空间、良好的绿化，不仅有助于整体的社会性作用，给人们一个停留休憩的场所，还能提高吸引力，使得使用者乐于接近、停留、进入乃至消费。

2. 建筑的出入口、交通站点的出入口等人流来往的枢纽虽然不能直接产生消费者，但却有巨大的潜力。根据其特性和需求可将某一功能的建筑设置在这些枢纽的临近处或是连接枢纽的重要交通线路上。

3. 建筑立面的透明度、开敞度和对外吸引力呈正相关。对于公共空间的建筑来说，内外的视线交流十分重要，立面要流畅但不可单调而失去活力。[3]

4. 公共空间建筑可以设置在诸如转角等交通视线范围大的区域，这样可以辐射更多人群，同时在设计上可以有更灵活的多出入口，立面可以有多向性，使得建筑更加丰富、有吸引力。

8.4.3 改进建议

笔者在调研过程中发现部分案例区域由于设计的原因导致建筑空间和人的交流活动较弱，有些有着良好潜力的区域却由于功能设置等原因没能发挥优势。根据调研得出的结论，提出以下改进的建议。

1. 卡乐星汉堡店可在北侧临近地铁口处增加一个出入口，并在室外相对宽阔区域放置一定室外座椅和设施，在东侧立面设计上可用不同装饰增强吸引性（图8-40）。

2. 星巴克咖啡店可将出入口朝向改为面向楼梯和地铁方向以便更好吸引人群。同时出入口附近的绿化和设施应进行移动，使得行人可以直接进入建筑内部（图8-41）。

3. 七七海南鸡可将店外座椅改为占用空间较小的单排式座椅，一方面使得道路较为宽敞便于通行，另一方面使得座椅使用者不觉得空间被侵犯（图8-42）。

4. 吉亨面馆可自主将装饰、座椅放置在不影响行人进出地铁站的区域限定建筑的外部空间，增大建筑的辐射范围，吸引更多人来消费。

5. 将与外界交流频繁的商业建筑的位置转移到办公楼出入口附近的优良地段。

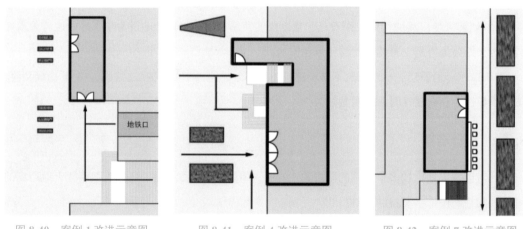

图8-40 案例1改进示意图　　　　图8-41 案例4改进示意图　　　　图8-42 案例7改进示意图

参考文献

[1] 乔东华，陈建邦. 营造"创智天地"[J]. 时代建筑，2009，{4}（02）：76-79.

[2] 陈建邦. 修缮江湾体育场，创建"创智天地"[J]. 时代建筑，2006，{4}（02）：72-75.

[3] 徐磊青，施婧. 步行活动品质与建成环境——以上海三条商业街为例[J]. 上海城市规划，2017，{4}（01）：17-24.

教师点评

　　曾灿程同学研究建筑空间的特征对人的行为的影响。研究将人的行为和建筑的特点提炼为几个要素，并对几个典型区域进行观察记录。通过对活动状况和各自要素的对比，总结出有利于提高公共空间活力和吸引力的设计策略。并在此基础上，对部分案例提出了改进的建议。

　　研究数据的采集和最终报告的写作工作量饱满，但对于典型案例的选择原因解释不足，案例的分析深度还可加强。

城市公共空间调研解析 8-1

城乡规划一班　曾灿程　1650398　指导老师　贺永

创智天地广场建筑空间与人群活动关系探究

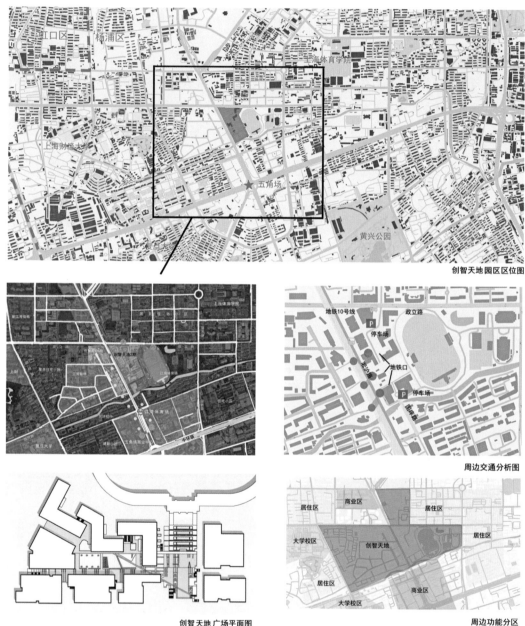

创智天地园区区位图

周边交通分析图

创智天地广场平面图

周边功能分区

创智广场交通流线

背景介绍

创智天地园区地处上海市杨浦区中部偏西位置，创智，南邻五角场，北靠三门路，东邻江湾体育场，西靠上海财经大学。南侧的五角场为城市副中心之一，周边有上海财经大学、复旦大学等高校。创智天地园区包括由西向东分布的创智坊、创智天地广场、江湾体育场和广场北侧的科技园四部分。

城市公共空间调研解析 8-2

城乡规划一班　曾灿程　1650398　指导老师　贺永

创智天地广场建筑空间与人群活动关系探究

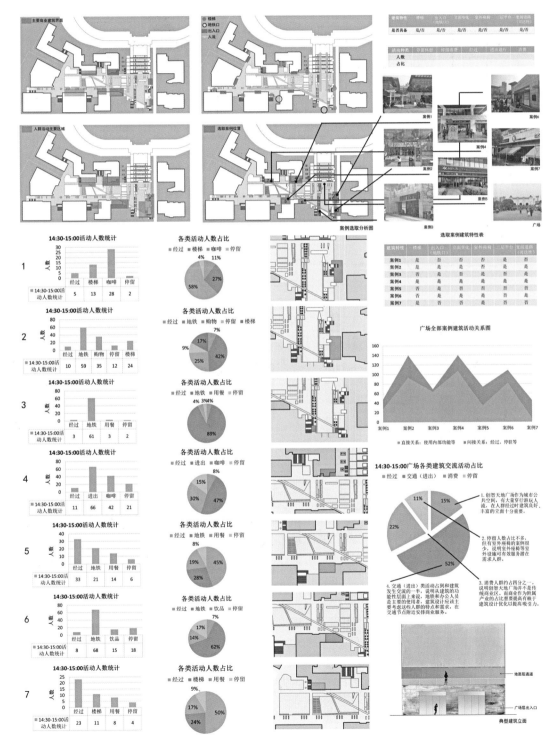

城市公共空间调研解析 8-3

城乡规划一班　曾灿程　1650398　指导老师　贺永

创智天地广场建筑空间与人群活动关系密切

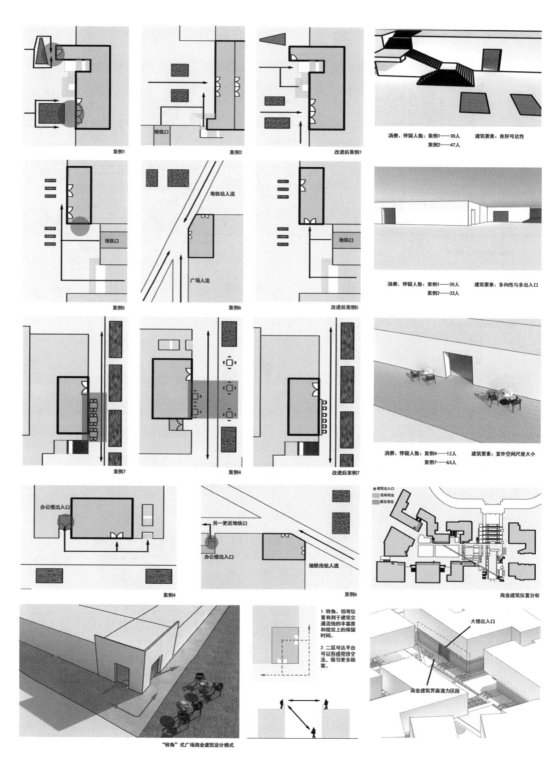

9 步行活动与环境支持研究

——"城市公共空间调研与解析"调研报告

乔 丹

【摘 要】城市公共空间是指城市中建筑实体之间存在着的开放空间体,是城市居民进行公共交往,举行各种活动的开放性场所,对市民的社会生活起着重要作用。坐落于杨浦区五角场的创智天地广场,为广大市民提供了良好社会生活空间。本文着眼于创智天地广场的步行活动,通过分析研究活动及活动人群的特征、基地的交通可达性,并对比广场各部分对步行活动提供的支持的不同之处,总结出空间连续性和设施多样性对步行活动的支持作用。

【关键词】城市公共空间;可达性;步行活动;空间连续性;设施多样性

Abstract:Urban public spaces refer to the open spaces between buildings, in which citizens can held various social activities and get connected with others face to face. The KIC plaza located in WuJiaochang, YangPu district successfully created an environment for social life, so investigating the case of KIC plaza is significant for building public spaces. The emphasis of this thesis is the trait of walking activities and how they are supported by built environment. By making contrast of different environment inside the KIC plaza, we may get enlightenment in creating suitable environment of urban public spaces.

Keywords:Urban public spaces; Reachability; Walking activities; The continuity of walking spaces; Diversity

9.1 引言

9.1.1 调研目的

城市公共空间作为开放空间,对丰富市民的社会生活做出了卓越贡献。过去由于中国快速的城市化建设，城市空间无论从布置还是尺度方面都与人脱离。随着对"人"本身关注度的上升，新一轮的城市改造拉开了帷幕。适合人类社会活动的城市公共空间开始大规模建造。通过研究城市公共空间案例，分析空间使用状况，对发现的问题给出原因及改进方向，从而对物质空间与人群的相互作用有更深入的了解。调研完成之后对城市公共空间拥有全方位的了解并能对如何营造公共空间提出建议，理解将人作为城市环境的中心以建设更适宜人类活动的城市的理念。

9.1.2　案例选择——创智天地广场

创智天地广场是创智天地产业园区的商务核心。智能化办公楼环绕着大型的下沉式广场，首层和地下一层进驻了各国餐饮品牌，广场上还会定期举行多姿多彩的活动，为知识工作者、艺术家、创业者们营造一个可以广泛交流、让灵感擦出火花的环境，同时也为杨浦区的市民提供了休闲、社交的场所。

从创智天地广场的商业和社会活动及使用情况上看，这是一个成功的新型步行尺度的城市公共空间。广场规模为社区级公共空间，功能完备且多样化，所有设施维护良好，人流量大，便于调研数据收集，并为研究城市公共空间的相关要素提供了丰富的材料以及选择研究方向。因此，选取创智天地广场作为小组调研的基地，并选取各自的研究内容。

9.1.3　研究重点——步行活动及环境支持

创智天地广场是一个被智能办公楼环绕的巨大下沉式广场，空间内部的交通方式被限制为步行。除了参加商务活动的办公人群，更多的是进行休闲活动的普通市民。在所有依靠步行进行的活动中，自发进行多种社会活动的市民数量又远多于商业活动。这个现象初步表明，广场提供了一个市民偏好的步行活动发生的环境。

因此，笔者将关注重点放在步行活动本身，详细研究比较了活动主体人群以及为活动提供支持的环境两大关键要素上。研究广场内部不同支持对于广场中人群活动的影响，从而大致了解公共空间中，步行活动的特征以及环境如何更好地提供支持。

9.2　创智天地广场案例基本信息

9.2.1　发展历程

杨浦区一度作为工业区进行地区发展。2003年，杨浦区政府决定进行从工业型到知识型的转型。在此契机下，创智天地广场作为"三区融合、联动发展"理念的标杆性实验项目正式开启。创智天地一期建造过程中，将损耗严重的文化地标性建筑——江湾体育场进行重建与功能完善后与创智天地一期广场相连接，形成开阔的城市公共空间。经过十余年的建设发展，创智天地已初步形成了要素完备的"知识经济产业链"和"知识创新生态圈"。[1]

9.2.2   基本信息

1. 区位信息

创智天地广场位于上海市杨浦区五角场地区，创智天地产业园区内，包括创智天地一期与二期广场。

广场位于地铁 10 号线上，地块由政立路、内环高速、淞沪路切割出，周围设有 4 个公交站，交通条件良好。

广场被五角场商圈、江湾体育场、大学路三个标志性地块环绕，吸引着各种爱好的市民聚集。人群在地块之间流动性加强，相互促进。

广场周围分布着上海财经大学，复旦大学，同济大学，上海体育学院等诸多高校，便于创新创业人才的聚集。同时，广场周围密集分布着住宅小区，创智天地广场成为附近居民散步休闲的首选（图 9-1）。

图 9-1   创智天地广场区位图

2. 相关数据指标

基地位置：杨浦区淞沪路（靠近江湾体育场）

方位：北中外环

容积率：2.40

建筑面积：30000 平方米

占地面积：840000 平方米

绿化率：35%

车位数：280

3. 空间定位

创智天地广场以美国硅谷为原型的，集办公、休闲、体育于一体，秉承着大学校区、科技园区、公共社区"三区融合、联动发展"理念的综合性知识创新区，同时也是杨浦区市民公共活动的中心（图9-2）。

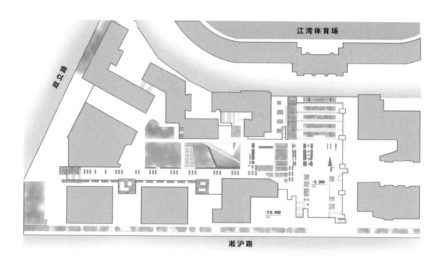

图 9-2　创智天地广场平面图

9.3　步行活动与步行环境支持

9.3.1　对活动主体人群的研究

1. 创智天地广场对不同交通方式人群的包容性

创智天地广场对不同交通方式人群具包容性，可达性好。作为公共空间，越高的可达性意味着越多的人群选择，在可承载的人数范围内让更多人享受到相应的功能。本章将可达性分为两部分：交通工具可达性与步行可达性。

（1）交通工具可达性

通过现场调查，乘坐交通工具到达创智天地的方式主要有：私家车，公交车，地铁，自行车。他们的分布情况和容量如图 9-3 至图 9-6 所示：

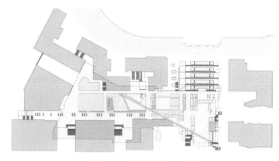

图 9-3 停车场平面图

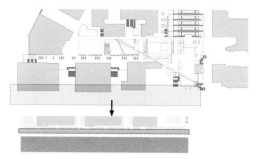

图 9-4 市民自发自行车停放点

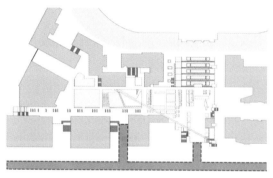

图 9-5 地铁站分布图

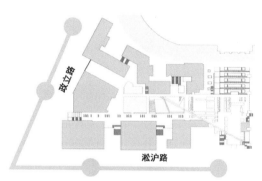

图 9-6 公交站点

比较图 9-3 至图 9-6，可以发现：

① 停车场设在广场平面下一层，总面积约为 15000 平方米，设有车位 280 个，车位比为 0.7，数量充足。广场紧邻淞沪路为发散性大道，道路开阔，交通状况良好。

② 自行车并未预设停放处，且自行车道仅设立在靠淞沪路一侧，宽度仅为 1.5 米，只有极少量行人自发将车辆停放在人行道处。自行车这一交通方式并非主要的到达方式。

③ 坐落于地铁 10 号线的江湾体育场站，与五角场地铁站串联。在广场一期与二期设置两个出入口。地铁站建在广场平面地下一层，出口直接连接一期和二期广场平面，十分便捷。

④ 建筑物三面环绕公路，公交站设立在主干道淞沪路和政立路上，车辆交通便捷。

总体来说，创智天地广场交通工具可达性较高。

（2）步行可达性

步行可达性是指市民在一定范围内通过步行到达目的地的便捷程度。本文主要通过路网密度和交叉口数目来衡量。确定市民可能选择步行方式出行的范围如图 9-7 和图 9-8。

根据路网密度的定义：道路网内的道路中心线计算其长度，依道路网所服务的用地范围计算其面积（城市道路网内的道路指主干路、次干路和支路，不包括居住区内的道路），计算步行 10 分钟范围内，路网密度为：5.75 千米每平方千米。根据《城市道路交通规划设计规范》，大城市路网密度应控制在 5-7 千米每平方千米。[2]

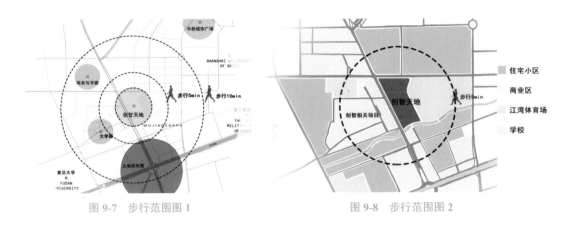

图 9-7 步行范围图 1   图 9-8 步行范围图 2

道路交叉口方面：广场周围地块均有较为平直的道路切割而成，连接度高，形态清晰可辨，交叉口仅在公路重叠处出现在 10 分钟步行范围内，交叉口数目为 44 个。

综合比较，我们可以得到如下结论：

① 创智天地广场步行 10 分钟范围内数量较多的为商业聚集区与居民区，服务人群基数大。

② 创智天地广场为由主要公路分割出的整个地块，且路网密度大，岔路口少。

③ 广场的步行可达性较高。

2. 创智天地广场的人群流动

围绕创智天地广场四周，分布着广场出入口。其中地铁主要输送来自较远地区的人群，楼梯起到连接下沉式广场与地面的作用，主要服务步行和乘坐公交车这两种出行方式。各出入口的分布与人流量如图 9-9 和图 9-10 所示：

创智天地广场主要的出入口为：两个地铁出口、连接江湾体育场的出口和靠近停车场的出口。地铁站对广场人流量贡献巨大，为最主要的出入口，交通功能强。由此推断，到达创智天地广场的市民最常用的方式是轨道交通。总体来说，广场南侧（创智天地广场一期）人群流动性更大。

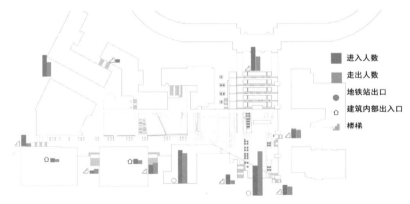

图 9-9 10：00-11：00 各出入口通过人数（人 /10 分钟）

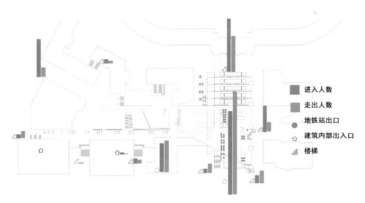

图 9-10 15：00-16：00 各出入口通过人数（人 / 10 分钟）

3. 基地使用主体的消费水平与基地的消费定位

城市公共空间定位须与服务主体符合，否则无形的消费水平额隔阂会将一些市民拒之门外。本章主要比较广场内部人均消费以及 5 分钟步行范围内平均房价和租金来对比消费水平[3]。数据如表 9-1 所示。

不同地区平均房价统计			表 9-1
	上海市	虹口区	杨浦区	基地周边
租金（元 / 月 / 平方米）	69.27	79.12	76.92	96.12

由表 9-1 可以得出，杨浦区的消费水平略高于上海市平均水平。而创智天地广场周围由于占据着五角场商圈的良好地段，消费额高出平均水平较多。通过统计，广场内部的消费店铺定位以时尚小资，高性价比的餐饮业为主，从消费水平上看，与周围情况是匹配的。但是偏高的消费价格对长期居住附近的居民是否能产生稳定的吸引力，还有待商榷。

9.3.2 创智天地广场对步行活动提供支持

1. 创智天地广场步行活动类型及分布的初步调查

创智天地广场基本形态为交叉的 T 字形，根据形态，将其分为两部分。考虑到西部的走廊贯穿了整个下沉式广场，因此将其单独分出。具体划分及地块平面图如图 9-11 所示。

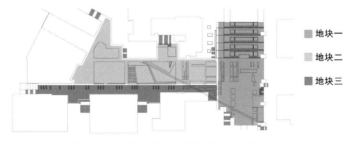

图 9-11 创智天地广场内部调研区域划分图

首先要初步统计每个地块中的平均瞬时人数。具体方法为：在选取时间段中每隔15分钟拍一次照，记录各地区瞬时人数，一共采集四组数据，取平均值作为参考数据。计算每个地块的人群密度，分布如表9-2。

创智天地瞬时人数统计表 表9-2

	地块	瞬时人数（人）	地块面积（平方米）	人群密度（人/平方米×0.001）
	地块一	104	6757.83	15.39
10：00-11：00	地块二	37	6163.45	6.00
	地块三	27	2704.5	9.98
	地块一	186	675.83	27.52
15：00-16：00	地块二	82	6163.45	13.30
	地块三	54	2704.5	19.97

由此可以粗略判断出，市民们更喜欢在下午来到创智天地广场。同时相比于其他地块，地块一（创智天地广场一期）是人们更加偏爱的步行活动环境。

将出现频率最高的集中步行活动分类，并分别统计其中的数量（表9-3）。

创智天地广场各项活动统计（单位：人） 表9-3

	地块	通过	驻足	带小孩	（单独活动的小孩）	坐下	遛狗	散步	锻炼
	地块一	16	39	21	7	8	5	7	1
10：00-11：00	地块二	6	7	10	1	4	3	6	0
	地块三	11	3	4	1	1	1	3	3
	地块一	25	66	31	9	26	15	13	1
15：00-16：00	地块二	18	21	15	3	7	3	15	0
	地块三	18	7	16	2	3	2	5	1

比较表9-3中数据可以初步得出：从活动类型和参与度来看，三个地块之间也存在着较大差异。从活动丰富度上看，地块一更加丰富，参与度也更多。人数最多，最能体现空间社会属性的"驻足观望"活动大量发生在地块一中，表明在地块一中人们相互之间的交流更强。通过人群同样数量巨大，尤其在地块三中，表明地块三交通功能强大，对步行交通提供了很好的支持。地块二虽然人数相对较少，但休闲散心的人群比例很大，表明地块二对于运动休闲散步等活动提供了良好的环境。

2. 创智大地广场不同地块对步行活动提供支持的差异

（1）设施多样性——对社会交流活动提供支持

驻足观望这一活动由群众自发产生，目的是增强和周围人群之间的了解，是融入社会生活的体现[4]。促进这种自发活动的产生，增强公共空间的社会属性，首先需要了解设定好的活动（表9-4）。

各地块原有设施支持的活动 表9-4

	饮食	购物	景观欣赏	大型活动举办	运动（设施）	坐下休息
地块一	√	√	√	√	√	√
地块二	√	×	√	×	×	√
地块三	√	√	×	×	×	×

　　地块之间设定活动之间差异明显，提供的功能多样，更能吸引人群的聚集，能为更多突发性活动的发生提供可能，比如活动多样性明显较大的地块一。而当环境的功能变得单一，或某一功能被过分强调，过于熟悉和单调的环境令人群对地区的使用变得固化，不能促进人与人之间的交流，从而降低其社会属性。

　　使用多样性是指：同样的设施，因为环境的改变，使用人群的改变，将会产生不同活动。以景观和座椅的使用情况为例（地块三缺乏座椅设置，故该部分只探讨地块一和地块二的差别）。

　　地块一和地块二景观与座椅的分布情况如下。

　　从座椅与景观的关系来看：地块一的座椅既是座椅，也是花坛，使用者与树木近距离接触，同时享受了遮阴避雨等功能，休息的作用也增强了（图9-12）。地块二的座椅顺延景观边界线连续布置，而景观以草坪居多，座椅使用者实际上无法与景观互动（图9-13）。

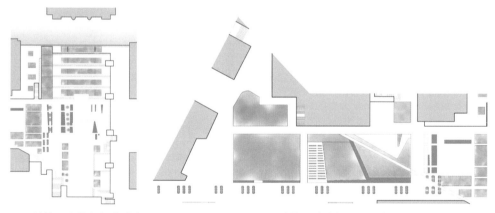

图9-12　地块一座椅与绿化分布图　　　　图9-13　地块二座椅与绿化分布

　　从设置位置上看：地块一座椅与景观相对，并设置于人群相对聚集的地方。景观吸引人群产生社会活动，步行者坐下休息时可以观望他人与景观互动的情景，实际上促进了市民的社会生活。地块二的座椅设置过密，而面对的场景往往人群流动性比较强。除了休息之外，难以实现更多特殊功能。

　　从艺术形态的多样性上看：地块二运用了斜线的手法设计座椅，而地块一中利用斜线、斜面和曲面三种手法创造了三种形态功能以及使用可能性各不相同的三种座椅，极大地丰富了活动人群的使用体验（图9-14、图9-15）。

图 9-14　提供多种使用可能的座椅　　　　图 9-15　可用于艺术观赏的座椅

（2）步行空间的连续性比较——对休闲散步等活动提供支持

步行空间设置错落有致，妙趣横生，才更能激起步行者的兴趣[5]。增加步行者与建筑、景观之间的互动，而不是步行空间与景观空间生硬的间隔，能营造出更加休闲适宜的步行环境。各地块的步行空间规划如图 9-16 至图 9-18，粗线为主要步行空间，细线为步行人群与景观互动的部分。

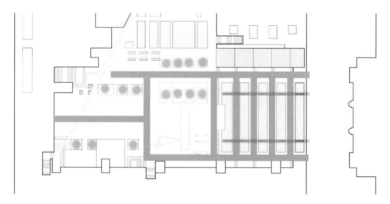

图 9-16　地块一步行空间规划

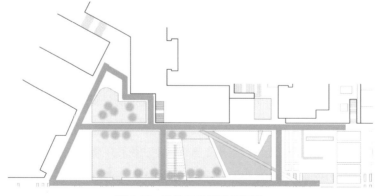

图 9-17　地块二步行空间规划

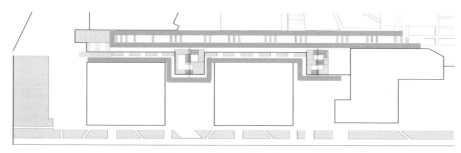

图 9-18　地块三步行空间规划

可以发现，各地块步行线路的丰富度依次为：地块一＞地块二＞地块三。

地块一通往江湾体育场的大台阶极大增强了人与草地之间的互动，也丰富了步行空间。故尽管广场占据了大部分面积，也为休闲散心等活动提供了很大可能。

地块二步行空间不局限于正交，而适度采取了斜线穿插，使空间变得灵动。同时，路径有机地向景观中延伸，营造了良好的步行者与环境互动的氛围，空间连续性良好，故适合于休闲散步为主的步行活动。

地块三的景观除了楼梯花坛之外，都是规则的，分布较均匀的点状绿化，实际上将人与景观分隔开，将步行空间也分割成三个条状，并不能很好地支持活动的发生。

9.4　结论

通过研究创智天地广场的步行活动与环境支持，总结出以下几个关于但不仅限于如何营造更适合市民使用的城市公共空间的建议。

（1）交通可达性良好。良好的可达性是公共空间被充分使用的基础，不管是以何种方式到达该空间，都应该能享有相应的便利条件。同时鼓励步行，注意区位选择时利于步行环境的营造，以调动市民的步行积极性。

（2）连续步行空间的建造。城市公共空间应该是一个促进交流的场所，空间中的建筑，景观的营造应该本着促进空间融合互动的原则，而不是将人群与活动限制在冰冷的边界线之外，原本连续的空间被无理的切割。[6]

（3）关注公共空间社会属性，多样性营造。城市公共空间作为社会活动的中心肩负着促进人与社会之间进行积极交流的责任。不设限的功能设置为公共空间带来多种可能，不断吸引市民的到来。在这种环境下，偶然行为大量的发生，交流的产生变得容易，市民能自然融入他人的社会群体中，感受城市的人文氛围。[7]

在重新重视人的城市体验的今天，城市公共空间的建设对于汽车尺度的城市改造起着带动的作用。建设良好的公共空间环境，为步行活动的发生提供功能支持，从而改变市民们的生活方式并丰富社会交往，才能实现其真正的价值。

参考文献

［1］百度百科．上海创智天地园区［EB/OL］．［2014-01-20］．https：//baike.baidu.com/item/%E4%B8%8A%E6%B5%B7%E5%88%9B%E6%99%BA%E5%A4%A9%E5%9C%B0%E5%9B%AD%E5%8C%BA/4762920?fr＝aladdin.

［2］百度百科．城市道路密度网［EB/OL］．［2016-10-29］．https：//baike.baidu.com/item/%E5%9F%8E%E5%B8%82%E9%81%93%E8%B7%AF%E7%BD%91%E5%AF%86%E5%BA%A6.

［3］城市房产网．上海租金走势［EB/OL］．［2018］．http：//sh.cityhouse.cn/lmarket/.

［4］杨贵庆．城市公共空间的社会属性与规划思考［J］．上海城市规划，2013，｛4｝（06）：28-35.

［5］孙彤宇，许凯，杜叶铖．城市街道的本质：步行空间路径—界面耦合关系［J］．时代建筑，2017，｛4｝（06）：42-47.

［6］刘珺，王德，朱玮，王昊阳，王灿．基于行为偏好的休闲步行环境改善研究［J］．城市规划，2017，41（09）：58-63.

［7］陈前虎，方丽艳，邓一凌．异质性视角下的街区复合环境与步行行为研究——以杭州为例［J］．城市规划，2017，41（09）：48-57.

教师点评

乔丹同学分析空间环境对人的步行活动的影响。研究分析了创智天地广场的交通可达性和使用人群的活动特征，并对比了广场各区域对步行活动提供支持的不同之处，总结出空间连续性和设施多样性对步行活动的支持作用。

研究数据的采集翔实，研究定性与定量结合。报告写作图文并茂，结论清晰明确。

城市公共空间调研解析 9-1

城乡规划一班　乔丹　1650402　指导老师　贺永

创智天地广场基本信息

创智天地广场区位分析

创智天地广场位于上海市杨浦区五角场地区，**创智天地产业园**区内，包括创智天地一期与二期广场。

广场位于**地铁10号线**上，地块由政立路、内环高架、淞沪路切割出，周围设有4个公交站，交通条件良好。

周围被**五角场商圈，江湾体育场，大学路**三个标志性地块环绕，吸引着各种爱好的市民聚集。

周围密布上海财经大学，复旦大学，同济大学，上海体育学院等诸多**高校**，便于**创新创业人才**的聚集。同时广场周围密集分布着**住宅小区**，创智天地成为附近居民**散步休闲**的首选。

区位图1:2000

总平面图1:5000

基础数据

基地位置：杨浦区淞沪路（靠近江湾体育场）

方位：北中外环

容积率：2.40

建筑面积：30000平方米

占地面积：84000平方米

绿化率：35%

车位数：280

公共空间定位

以美国硅谷为原型的，集办公、体育于一体，秉承着大学校区、科技园区、公共社区"三区融合、联动发展"理念的综合性知识创新区，同时也是杨浦区市民公共活动的中心。

江湾体育场

平面图1:1000

淞沪路

二层露台空间深受锻炼老人的喜爱

喷泉水池及草坪景观

被建筑覆盖的灰空间形成小广场

文化地标——江湾体育场

西立面图1:1000

东立面图1:1000

城市公共空间调研解析 9-2

城乡规划一班　乔丹　1650402　指导老师　贺永

创智天地广场基本信息

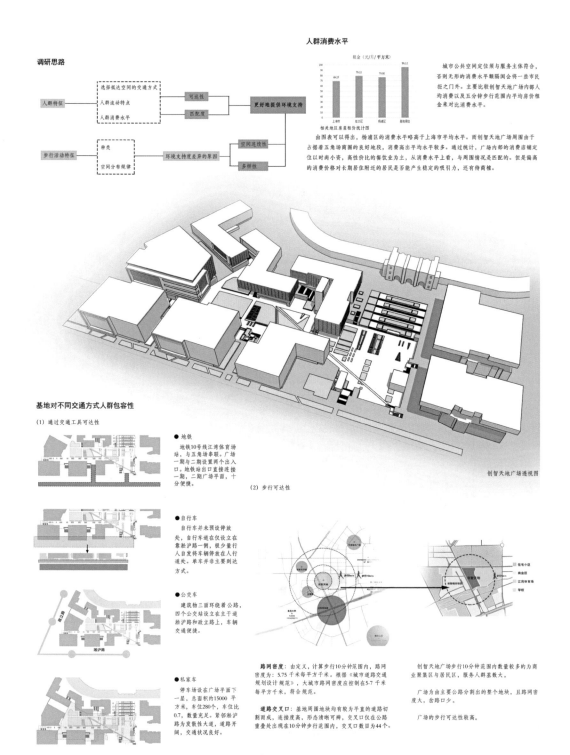

调研思路

人群消费水平

租金（元/月/平方米）

相关地区房屋租价统计图

城市公共空间定位须与服务主体符合，否则无形的消费水平鸿沟隔阂会将一些市民拒之门外。主要比较创智天地广场内部人均消费以及五分钟步行范围内平均房价租金来对比消费水平。

由图表可以得出，杨浦区的消费水平略高于上海市平均水平。而创智天地广场周围由于占据着五角场商圈的良好地段，消费高出平均水平较为。通过统计，广场内部的消费店铺定位以时尚小资、高性价比的餐饮业为主，从消费水平上看，与周围情况是匹配的。但是偏高的消费价格对长期居住附近的居民是否能产生稳定的吸引力，还有待商榷。

基地对不同交通方式人群包容性

(1) 通过交通工具可达性

● 地铁

地铁10号线江湾体育场站，与五角场事联。广场一期与二期设置两个出入口。地铁站出口直接连接一期，二期广场平面，十分便捷。

● 自行车

自行车并未预设停放处，自行车道在仅设立在靠淞沪路一侧，极少量行人自发将车辆停放在人行道内。单车并非主要到达方式。

● 公交车

建筑物三面环绕着公路，四个公交站设立在主干道淞沪路和政立路上，车辆交通便捷。

● 私家车

停车场设在广场平面下一层，总面积约15000平方米，车位280个，车位比0.7，数量充足。紧邻淞沪路为发散性大道，道路开阔，交通状况良好。

创智天地广场透视图

(2) 步行可达性

路网密度： 由定义，计算步行10分钟范围内，路网密度为：5.75 千米每平方千米。根据《城市道路交通规划设计规范》，大城市路网密度应控制在5-7 千米每平方千米，符合规范。

道路交叉口： 基地周围地块均有较为平直的道路切割面成，连接度高，形态清晰可辨。交叉口仅出现在公路重叠处出现在10分钟步行范围内，交叉口数目为44个。

创智天地广场步行10分钟范围内数量较多的为商业聚集区与居民区，服务人群基数大。

广场为由主要公路分割出的整个地块，且路网密度大，岔路口少。

广场的步行可达性较高。

城市公共空间调研解析 9-3

城乡规划一班　乔丹　1650402　指导老师　贺永

创智天地广场基本信息

主要出入口分析

10：00-11：00人数流动图

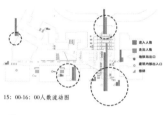

15：00-16：00人数流动图

创智天地广场主要的出入口为：两个地铁出口，连接江湾体育场的出口和意近停车场的出口。

地铁站为最主要的出入口。由此推断，到达创智天地市民最常用的方式是轨道交通

总体来说，广场南侧（创智天地广场一期）人群流动性更大。

调研地区划分

广场基本形态为交叉的T字形，根据形态，将其分为两部分。

考虑到西部的走廊贯穿了整个下沉式广场，因此将其单独分出。

创智天地广场一期，设置地铁出口，通往江湾体育场

创智天地广场二期，集中主要绿化景观

贯穿广场南北向

人群密度调查

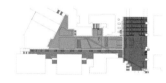

各地块瞬时人数密度图

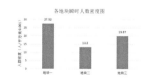

粗略判断，市民们更喜欢在下午来到创智天地广场。

相比于其他地块，地块一（创智天地广场一期）是人们更加偏爱的步行活动环境。

步行活动差异分析

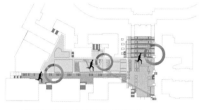

从活动类型和参与度来看，三个地块之间也存在着较大差异。从活动丰富度上看，地块一更加丰富，参与度也更多。人数最多，最能体现空间社会属性的"驻足观望"活动大量发生在地块一中，表明在地块一中人们相互之间的交流更强。

通过人群同样数量巨大，尤其在地块三中占比较大，表明地块三交通功能强大，为步行交通提供了很好的支持。

地块二虽然人数相对较少，但休闲散心的人群比例很大，表明地块二为运动休闲散步等动态步行活动提供了良好的环境。

广场不同地块对步行活动提供支持的差异

步行空间的连续性比较——对休闲散步等活动提供支持

地块一　　　　　地块二

地块一和地块二步行路线更丰富。地块二步行空间不局限于正交，而道度采取了斜线穿插，使空间变得灵动。同时路径有机的向景观中延伸，营造了良好的步行者与环境互动氛围，空间连续性良好，故适合于休闲散步为主的步行活动。

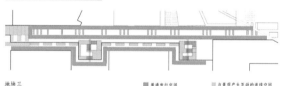

地块三

■ 普通步行空间　　　■ 与景观产生互动的连续空间

设施多样性——对社会交流活动提供支持

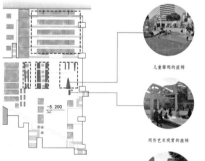

-5.200

■ 座椅设置

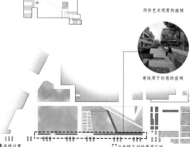

■与座椅互动的景观互动区域

儿童攀爬的座椅

用作艺术观赏的座椅

单纯用于休憩的座椅

各地块服务设施支持的活动						支持	不支持
	休息	购物	景观观赏	大型活动	运动（设施）	坐下	
地块一							
地块二							
地块三							

地块三功能较为单一，设定活动丰富度最小，据此不参与比较。

座椅与景观的关系：地块二的座椅延着景观边界线连续布置，而景观则以草坪居多，座椅使用者实际上无法与景观互动。地块一的座椅既是座椅，也是花坛，使用者与树木近距离接触。

设置位置：地块一座椅与景观相对，于人群相对聚集的地方。景观吸引人群产生社会活动，步行者坐下休息时可以观望他人与景观互动，实际上促进了市民的社会生活。地块二的座椅设置过宽，而面对的场景往往人群流动性比较强。除了休息之外，难以实现更多特殊功能。

形态的多样性：地块二运用了斜线的手法设计座椅，而地块一中利用曲线、斜面三种手法创造了三种形态以及使用可能性各不相同的三种座椅，极大地丰富了活动人群的使用体验。

创智天地广场调研总结

通过对创智天地广场步行活动与环境支持调研，对如何营造更适合步行尺度的城市公共空间提出以下建议：

1. **创造良好的交通可达性**。不管是以何种方式到达该空间，都应该享有相应的便利条件。同时，鼓励步行，调动市民的步行积极性。

2. **连续步行空间的建造**。建筑、景观的营造应该本着促进空间融合互动的原则，而不是将人群与活动限制在冰冷的边界线之内。

3. **关注公共空间社会属性，多样性营造**。不设限的功能设置为公共空间带来多样性，不断吸引市民的到来。偶然行为大量的发生，交流的产生变得容易，市民能自然融入他人的社会群体中，感受城市的人文氛围。

附件 1: 学生信息

（学生信息按照姓名拼音排序）

成 昶

感谢老师和在学习阶段帮助我的同学！

管 毅

白驹过隙，曾梦想飞过课业的海洋，如今仍旧在其中浮沉。回想与贺老师和同学们一同走过的城市调研与建筑设计课程，最深的感触是自此开启了城市层面的研究分析视角和建筑层面的完整设计架构这两扇窗叶，看到了这个专业独有的欢乐、交流、思考与碰撞。希望今后的自己能够和良师益友们一起，在规划设计领域渐至佳境。

纪少轩

罗寓峡

喜欢看电影，学习路上感谢老师们的指导！

乔丹

喜欢阿卡贝拉、合唱等音乐艺术。

大量的学习积累或许带来难能可贵的"灵光一闪"，但忠于初心的深化推进才能将设计最终"化虚为实"。后者作为自己明显的缺点，也促使我在课程学习中不断完善充实。

徐施鸣

热爱旅游、随遇而安的乐天宅女一枚！
人生目标飘忽不定、吃好喝好最重要，
探索路上磕磕绊绊、走走停停，
但始终相信，每个人都有光明的未来！

姚智远

很有幸在大学二年级与贺老师及各位同学一起完成了为期一学期的城市调研与建筑设计。也正是这个学期的设计课程很好地承接了之后的规划学习，为城市尺度的分析研究以及规划设计打下了基础。

今后还有很多需要学习的知识和值得追寻的目标，希望自己不要停下追逐和前进的脚步！

曾灿程

非常感谢当时老师的悉心指导和同学们的热心帮助，使我能够顺利完成设计课程，并取得了进步，为我日后的学习和发展打下了良好的基础。

附件2：教学任务书

城市公共空间调研解析及类型建筑设计
同济大学建筑与城市规划学院 城市规划专业本科二年级（下）
（2018年3月）

一、教学目的

初步掌握城市公共空间的调研分析方法；学习住宅和小型公共建筑的设计原理、空间分析与表达方法；学习掌握各类专业图纸的绘制要求；学习从城市视角分析研究建筑空间，为进入城市规划专业学习阶段打下坚实基础。

要求学生逐步掌握实地调研、团队合作、资料查询、汇报交流、成果表达等多种形式的学习和工作方法。

二、教学版块安排

本学期共16个教学周，共分为4＋6＋6三个板块，即：

1-4周：城市公共空间调研；

5-10周：集合住宅建筑设计；

11-16周：幼儿园建筑设计。

三、城市公共空间调研与解析（设计任务书）

1. 调研对象

城市公共空间调研基地规模控制在2-5公顷。街道宜选取有特色的文化街（如上海多伦路和山阴路）、商业街（如大学路、美食街）、步行街或传统老街等；广场不限于仅用于室外活动的集会或休闲广场，也可以是商业中心、行政中心的广场。

2. 调研要求

通过对城市公共开放空间（广场、街道等）的调研、解读和分析，从中总结设计要点、发现存在问题并提出改进建议和设想。

通过城市公共空间调研，掌握相应的空间调研与社会调查方法，掌握相关资料、数据整理分析的方法，完成相关图纸制作与调研报告的撰写。力求实现：

从建筑向城市的转变：区位认识与分析。横向：周边环境；纵向：城市演变——城市文脉；

从物质形态向社会维度的转变：社会性内容的关注；

从二维平面向三维空间的转变：三维空间分析方法；

从主观判断向理性分析的转变：模拟与分析技术（风环境、热环境、日照分析、湘源 CAD、Eco-tech 等相关软件）。

3. 调研及解析的内容

1）区位分析：基地与城市周边环境、功能、公共设施、交通等外部关系解析；

2）城市演变与发展：基地的形成、相关事件、历史沿革；

3）基地的功能构成、设施内容、交通组织、绿化景观、空间形态、服务人群、停车设施、消防与安全等要素解析；

4）基地与周边建筑的室内外空间组织、空间氛围营造、使用者的活动方式与特征解析

5）基地环境模拟（风环境、日照等）（不做硬性要求）。

4. 调研成果要求（图纸＋调研报告）

4.1　图纸

1. 区位分析图；

2. 总平面图；

3. 主要立面（展开）图；

4. 主要方向剖面图；

5. 系统分析图，包括：土地用地、功能组合、交通组织、绿化景观（含铺装）、空间形态、设施布局、灯光照明、消防安全等；

6. 环境模拟分析图：风环境和日照分析图（不做硬性要求）；

7. 设计改进建议示意图（图文结合、形式不限）。

上述图纸安排在 3-4 张 A1 图纸（外框尺寸：840 毫米 ×594 毫米）彩色打印。

4.2　调研报告

对基地的区位、历史沿革、现状情况、使用情况、特点、问题和改进设想，进行详细描述与分析，力求做到数据翔实、图文并茂、表达规范、有自己的见解和调研结论。报告字数不少于 2000 字，以 A4 文本方式装订。

以上成果每位同学均需提交相应成果的电子文件（含图纸）以备存档。

5. 教学组织

本次设计采用实地调研、讨论—小结、改图—指导、展示—反馈、汇报—讲评相结合的教学模式。学生以 3 人左右为一个工作小组，提高田野调查、规划设计、分析表达、交流汇报、图纸表现、调研报告排版与撰写等综合能力。

四、教学组

教学总负责：耿慧志；

教学组：王骏（教学组长）、包小枫、陈晨、华霞虹、杨峰、胡向磊、贺永、徐洪涛。

五、教学进度安排表

教学版块	时间	阶段性任务和课堂内容	教学形式	学习内容
城市公共空间调研分析	第1周周一（3月5日）	讲解本学期教学安排、分组布置空间调研任务	大组讲课	搜集资料、小组讨论、实地调研、初步整理、调研成果
	第1周周四（3月8日）	实地调研，调研分析	小组讨论、教师指导	
	第2周周一（3月12日）	资料收集，案例分析，分析图纸		
	第2周周四（3月15日）	补充调研，调研分析		
	第3周周一（3月19日）	资料分析与整理		
	第3周周四（3月22日）	图纸制作，调研报告		
	第4周周一（3月26日）	成果制作，调研报告		
	第4周周四（3月29日）	图纸表达及调研报告大组讲评	大组讲评	调研图纸和报告
集合住宅建筑方案设计	第5周周一（4月2日）	讲课：住宅设计原理（李兴无老师），布置设计任务	大组讲课	搜集资料、案例分析、文献阅读、案例分析、设计交流、设计草图、设计成果
	第5周周四（4月5日）	基地调研	小组讨论、教师指导	
	第6周周一（4月9日）	案例分析，文献阅读		
	第6周周四（4月12日）	设计草图，方案比较		
	第7周周一（4月16日）	方案研讨，形成基本构思		
	第7周周四（4月19日）	方案优化，深化设计		
	第8周周一（4月23日）	方案优化，深化设计		
	第8周周四（4月26日）	方案优化，深化设计		
	第9周周一（4月30日）	修正草图，确定方案		
	第9周周四（5月3日）	成果表达		
	第10周周一（5月7日）	成果表达		
	第10周周四（5月10日）	集合住宅设计大组讲评	大组讲评	提交设计成果
幼儿园建筑方案设计	第11周周一（5月14日）	讲课：幼儿园设计原理（徐甘），布置设计任务	大组讲课	搜集资料、案例分析、文献阅读、案例分析、设计交流、设计草图、设计成果
	第11周周四（5月17日）	基地调研	小组讨论、教师指导	
	第12周周一（5月21日）	案例分析，文献阅读		
	第12周周四（5月24日）	设计草图，方案比较		
	第13周周一（5月28日）	方案研讨，形成基本构思		
	第13周周四（5月31日）	方案优化，深化设计		
	第14周周一（6月4日）	方案优化，深化设计		
	第14周周四（6月7日）	方案优化，深化设计		
	第15周周一（6月11日）	修正草图，确定方案		
	第15周周四（6月14日）	成果表达		
	第16周周一（6月18日）	成果表达		
	第16周周四（6月21日）	幼儿园设计大组讲评	大组讲评	提交设计成果

注：1. 设计周一般为第20周，其他时间另行安排；
2. 教学任务书由王骏（教学组长）和陈晨两位老师组织制定。

参 考 文 献

［1］Edward T. Hall. The Hidden Dimension [M]. Anchor, 1988.

［2］Jan Gehl, Life between Buildings [M]. Danish Architectural Press, 1987.

［3］W. Zhang, G. Lawson. Meeting and greeting: Activities in public outdoor spaces outside high-density urban residential communities [J]. urban design international, 2009, 14 (4): 207-214.

［4］百度百科. 城市道路网密度［DB/OL］.［2022-03-27］. https://baike.baidu.com/item/%E9%81%93%E8%B7%AF%E7%BD%91%E5%AF%86%E5%BA%A6/7024628?fr=aladdin.

［5］百度百科. 上海创智天地园区［DB/OL］.（2014-01-20）［2022-03-27］. https://baike.baidu.com/item/%E4%B8%8A%E6%B5%B7%E5%88%9B%E6%99%BA%E5%A4%A9%E5%9C%B0%E5%9B%AD%E5%8C%BA/4762920?fr=aladdin.

［6］陈冰，常莹，张晓军，陈雪明. 研究导向型教学理念及相关教学模式探索［J］. 中国现代教育装备，2017（11）：53-56.

［7］陈建邦. 修缮江湾体育场，创建"创智天地"［J］. 时代建筑，2006（02）：72-75.

［8］陈前虎，方丽艳，邓一凌. 异质性视角下的街区复合环境与步行行为研究——以杭州为例［J］. 城市规划，2017，41（09）：48-57.

［9］城市房产网. 上海租金走势［EB/OL］.［2018］. http://sh.cityhouse.cn/lmarket/.

［10］方晓丽. 城市轨道交通接驳公交线路布设及优化方法研究［D］. 西南交通大学，2013.

［11］郭彧鑫. 基于出行链的轨道交通衔接方式研究［D］. 北京建筑大学，2015.

［12］何柳. 大尺度城市广场向"日常生活空间"转变的研究［D］. 内蒙古工业大学，2005.

［13］贺永，司马蕾. 建筑设计基础的自主学习——同济大学2014级建筑学2班建筑设计基础课程组织［C］. 2015全国建筑教育学术研讨会论文集，2015（11）：196-200.

［14］李凤莲. 以学生为中心的研究性教学法探讨与实践——以工程制图课程为例［J］. 教育教学论坛，2018（24）：163-164.

［15］李季. 基于人性化要素的城市广场尺度设计研究［D］，2012.

［16］刘珺，王德，朱玮，王昊阳，王灿. 基于行为偏好的休闲步行环境改善研究［J］. 城市规划，2017，41（09）：58-63.

［17］芦原义信著；尹培桐译. 街道的美学［M］. 天津：百花文艺出版社，2006.

［18］欧瑞秋，田洪红. 研究导向型教学的设计和实施——以经济学为例［J］. 科教文汇（上旬刊），2019

（05）：100-101 + 112.

［19］乔东华，陈建邦. 营造"创智天地"［J］. 时代建筑，2009（02）：76-79.

［20］沈果毅，曹晖. 从保护到重塑——江湾历史文化风貌区和江湾—五角场城市副中心规划的启示［J］. 城市规划学刊，2008（z1）：140-143.

［21］孙彤宇，许凯，杜叶铖. 城市街道的本质——步行空间路径界面耦合关系［J］. 时代建筑，2017（06）：42-47.

［22］唐劲羽. 基于使用功能的城市广场空间尺度探析［J］. 艺术科技，2016：3-4.

［23］王海萍，王晓飞. 对研究型教学模式中"研究"的哲学思考——兼论杜威的经验方法与实用主义教育哲学［J］. 黑龙江教育（理论与实践），2016（Z2）：1-2.

［24］王晶，赵冬燕，张敬. 研究导向型教学理念在经管类本科双语课程中的实践——以"Research Skills"课程为例［J］. 教育教学论坛，2019（09）：169-170.

［25］吴福飞，董双快.《建筑结构》课程的研究性教学与实践［J］. 智库时代，2017（09）：105+141.

［26］徐方晨，董丕灵. 江湾—五角场城市副中心地下空间开发方案［J］. 地下空间与工程学报，2006，2（z1）：1154-1159.

［27］徐磊青，康琦. 商业街的空间与界面特征对步行者停留活动的影响——以上海市南京西路为例［J］. 城市规划学刊，2014（03）：104-111.

［28］徐磊青，刘宁，孙澄宇. 广场尺度与空间品质——广场面积、高宽比与空间偏好和意象关系的虚拟研究［J］. 建筑学报，2012（02）：74-78.

［29］徐磊青，施婧. 步行活动品质与建成环境——以上海三条商业街为例［J］. 上海城市规划，2017（01）：17-24.

［30］徐磊青，言语. 公共空间的公共性评估模型评述［J］. 新建筑，2016（01）：4-9.

［31］扬·盖尔，比吉特·斯娃若著；赵春丽，蒙小英译. 公共生活研究方法［M］. 中国建筑工业出版社，2016.

［32］杨贵庆. 城市公共空间的社会属性与规划思考［J］. 上海城市规划，2013（06）：28-35.

［33］杨敏. 基于活动的出行链特征与出行需求分析方法研究［D］. 东南大学，2007.

［34］张军民，崔东旭，阎整. 城市广场规划控制指标［J］. 城市问题，2003，（5）：23-28.

［35］赵春生，梁恩胜. 基于 LanStar 的研究性教学模式分析［J］. 当代教育实践与教学研究，2017（02）：82+84.

［36］周嗣恩. 基于"步行链"的轨道站点交通设施规划研究［C］. 2016 中国城市交通规划年会论文集，2016：22-31.

［37］朱晓丹. 国外研究性教学现状对我国高校创新型人才培养的启示［J］. 新疆教育学院学报，2018，34（01）：45-49.

致　　谢

本书回顾的教学活动发生在 2017-2018 学年第二学期，书稿形成时已是 2020-2021 学年第二学期结束。当年参加本课程的同学都已经完成了在同济大学的学习，或步入社会走上工作岗位，或留在校园继续专业学习。很多同学在该课程结束后也是多年不曾联系，当我提出出版该课程成果的想法时，得到了大家的积极响应和热情支持。

感谢管毅又一次把大家召集到了一起。感谢乔丹当年担任我们组的小组长，协助老师完成了许多教学组织工作。感谢徐施鸣、罗寓峡、纪少轩、成昶、曾灿程、姚智远认真地完成了当年的课程作业，并在毕业之际对本书出版给予的热情支持。

感谢国家自然科学基金（51778438）对本书出版的资助。

感谢教学组长王骏老师细致的教学组织和耐心帮助，感谢包小枫老师对我们小组教学工作的支持，感谢陈晨、胡向磊、华霞虹、杨峰、徐洪涛几位老师对我们教学工作的帮助与肯定。感谢教学过程中给予我们支持的各位师长和同学。

感谢中国建筑工业出版社的编辑在本书出版过程中付出的辛勤劳动和无私的帮助。

感谢程月在本书出版过程中所做的文字编辑工作。

于同济大学

2021 年夏